辽宁省科技厅自然科学基金项目　项目编号：20180550407

水平聚氨酯海绵切割机技术改造设计

刘闻名　著

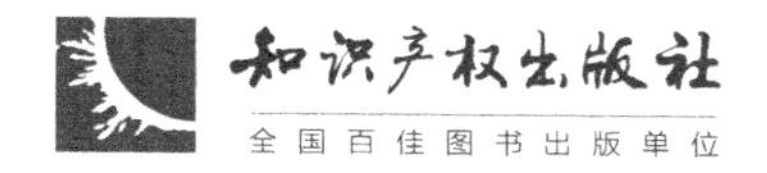

图书在版编目（CIP）数据

水平聚氨酯海绵切割机技术改造设计/刘闻名著. —北京：知识产权出版社，2019.10

ISBN 978-7-5130-6202-2

Ⅰ.①水… Ⅱ.①刘… Ⅲ.①聚氨酯—海绵制品—切割机—改造设计 Ⅳ.①TG48

中国版本图书馆 CIP 数据核字（2019）第 207385 号

内容提要

本书介绍了聚氨酯海绵切割机的主要结构布局与工作原理，并发现了现有产品单面切割形式的局限与不足，对其进行技术升级与外观改造设计。技术升级侧重研究将原来的单面切割形式升级为双面切割的形式，避免了单程空跑的情况发生，让切割机可以在去和回双程均可进行聚氨酯海绵的切割作业，使切割效率提升一倍。外观改造设计基于艺术造型美学原则与机械产品造型设计方法对切割机整体外观进行改造设计，使新外观更具现代感与视觉美感，提升该产品的品质。

责任编辑：栾晓航　　**责任校对**：王　岩

封面设计：臧　磊　　**责任印制**：孙婷婷

水平聚氨酯海绵切割机技术改造设计

刘闻名　著

出版发行：知识产权出版社有限责任公司　网　址：http://www.ipph.cn

社　址：北京市海淀区气象路 50 号院　邮　编：100081

责编电话：010-82000860 转 8382　责编邮箱：luanxiaohang@cnipr.com

发行电话：010-82000860 转 8101/8102　发行传真：010-82000893/82005070/82000270

印　刷：北京九州迅驰传媒文化有限公司　经　销：各大网上书店、新华书店及相关专业书店

开　本：720mm×1000mm　1/16　印　张：10.75

版　次：2019 年 10 月第 1 版　印　次：2019 年 10 月第 1 次印刷

字　数：168 千字　定　价：48.00 元

ISBN 978-7-5130-6202-2

目　录

第1章 概 述

1.1 聚氨酯海绵特性

1.1.1 聚氨酯海绵分类

1. 聚氨酯高回弹海绵

聚氨酯（PU）高回弹海绵所用的聚醚多元醇一般采用 EO（环氧乙烷）封端，聚醚活性较大，生产出来的海绵泡孔直径大小混合分布，骨架粗细不同，有很大的开孔率，在受压时会在不同形变状态下产生不同支撑力的反弹力，因此，由高回弹海绵制作的沙发、坐垫和床垫可提供更好的舒适度，即更为理想的舒适因子，是高档汽车座椅、沙发座椅和办公座椅的理想用材。

2. 聚氨酯慢回弹海绵

聚氨酯慢回弹海绵也就是人们常说的记忆绵（Memory Foam），是一种具有开放式单元结构（Open-cell）的聚氨酯高分子聚合物，该材料具有特殊的黏弹特性，体现很柔软的材料特性，并有很强的冲击能量吸收能力。

这种材料分子对温度很敏感，所以又称为温感记忆绵。

3. 聚氨酯自结皮海绵

软质自结皮聚氨酯泡沫塑料制品应用于汽车转向盘、扶手、头枕、自行车座、摩托车座、安乐椅扶手与头靠、门把、阻流板以及保险杠等。聚酯型自结皮聚氨酯制品绝大部分应用于制鞋工业，做各种皮鞋、鞋套、矿山鞋和马靴等。

4. 聚氨酯硬泡

聚氨酯硬泡是由硬泡聚醚多元醇（聚氨酯硬泡组合聚醚又称为白料）与聚合 MDI（又称为黑料）反应制备的。主要用于制备硬质聚氨酯泡沫塑料，广泛应用于冰箱、冷库、喷涂、太阳能、热力管线和建筑等领域。

5. 聚氨酯软泡

按软硬程度，即耐负荷性能的不同，聚氨酯软泡可以分为普通软泡、超柔软泡、高承载软泡和高回弹软泡等，其中高回弹软泡、高承载软泡一般用于制造坐垫、床垫。按生产工艺的不同，聚氨酯软泡又可分为块状软泡和模塑软泡。块状软泡是通过连续法工艺生产出大体积泡沫再切割成所需形状的泡沫制品；模塑软泡是通过间隙法工艺直接将原料混合后注入模具发泡成所需形状的泡沫制品。

1.1.2 特性分析

聚氨酯海绵由于其具有保温、隔热、吸声、减振、阻燃、防静电和透气性能好等特性，故涉及各种行业，包括汽车工业、电池工业、化妆品业、胸围内衣制造业及高档家具制造业等。

良好的吸振性能：聚氨酯弹性体对交变应力的作用表现出明显的滞后现象，在这一过程中外力作用的一部分能量消耗于聚氨酯弹性体的内部转变为热能。因此，聚氨酯弹性体具有明显的吸振性能，也可称为阻尼性能。

耐低温性能：聚氨酯弹性体具有良好的低温性能，脆性围堵一般都很低（-50~70℃），有的配方品种脆化温度低于-70℃，因此聚氨酯弹性体制品特别适用于寒冷的环境。

耐辐射和耐臭氧：在高分子材料中，聚氨酯是具有突出的耐辐射和耐臭氧性能的。

耐霉菌性能：聚醚型聚氨酯耐霉菌性能较好，曾等级为0~1级，基本不长霉菌。

生物医学性能：聚氨酯材料具有极好的生物相容性，急慢性毒理试验和动物试验证实，医用聚氨酯材料无毒，无畸变作用，无过敏反应等不良副作用。

1.2 聚氨酯海绵成形过程（发泡过程）

海绵发泡原理：将发泡树脂、发泡助剂和黏合剂树脂（使成品具有黏合性）混合在一起，进行发泡加工。将80份乙烯乙酸乙烯酯（EVA）、20份APAO PT 3385、20份偶氮二甲酰胺、19份CaCO和0.6份过氧化二异丙苯混合在一起，置于模具中发泡，并用机械力击破闭孔，即可制得发泡海绵。其密度为0.028g/cm，25%的压缩硬度为1.9kPa。

海绵的成分大多是聚氨酯，就跟发泡一样，同样的材料不同的制造工艺就会造出不同的物品。聚氨酯海绵主要包括聚酯及聚醚型可切片或卷切，也可根据客户要求复合加工、热压加工及爆破开孔处理等。

1.3 聚氨酯海绵切割方式

海绵切割机目前分为手动海绵切割机和数控海绵切割机。手动海绵切割机价格便宜，但是对于海绵利用率比较低，而且操作复杂；数控海绵切割机价格适中，操作简便，一般会使用计算机的人就可以操控，能有效地提高海绵利用率。

通常使用平切机对海绵进行切割，平切机是一种用于切割软性材料的切割装置，多用于切割海绵，将整块海绵切成需要厚度的长条块。

聚氨酯海绵平切机包括由龙门架、导轨架构成的机座，安装在龙门架上的刀架和安装在导轨架上的由台面驱动电机驱动的往复式台面以及控制台面往复运动的控制机构。通过环状刀条对放置在台面上的海绵进行平切。但是，待切割的聚氨酯海绵块尺寸较大，通常是通过吊机整体吊运到工作台上再进行切割，切割完成后再通过吊机或者人工下料将切割好的叠放整齐的片状聚氨酯海绵运走。工作台较宽，且工作台表面设置有用于增大摩擦力的砂纸层，工作台与聚氨酯海绵底层之间的摩擦力大，给人工下料带来不便，同时聚氨酯海绵与工作台面紧贴，不便于快速吊装。

第 2 章　聚氨酯海绵切割机主要结构布局

2.1　刀片布局

环形刀片由刀片转动动力箱开始来看，经由动力传导，在转轴背侧快速旋转，接着到达磨刀区进行磨刀，保证海绵的快速切割。

1. 环形刀片（见图 2-1 和图 2-2）

图 2-1　环形刀片（一）

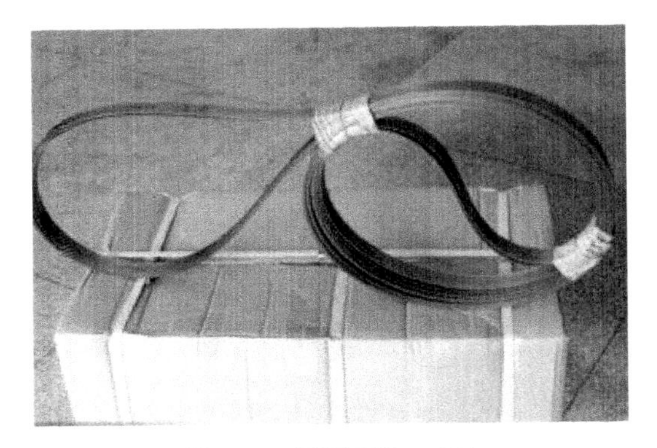

图2-2 环形刀片（二）

2. 刀片转动动力箱（见图2-3和图2-4）

图2-3 刀片转动动力箱（一）

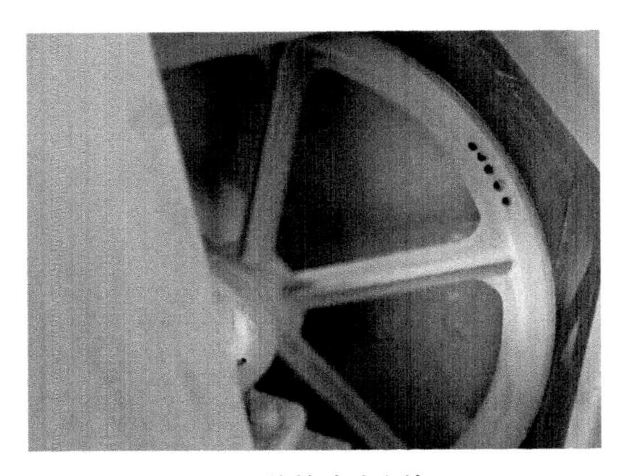

图2-4 刀片转动动力箱（二）

发动机、轮轴带动环形刀片转动，实现切割海绵。

3. 滚轴（见图 2-5 和图 2-6）

图 2-5　滚轴（一）

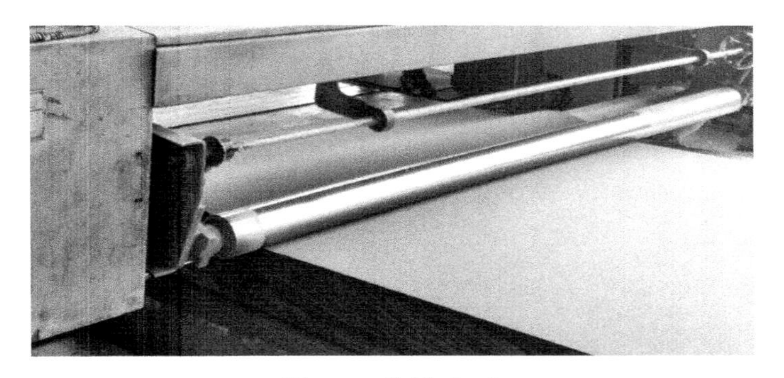

图 2-6　滚轴（二）

4. 磨刀（见图 2-7 和图 2-8）

图 2-7　磨刀（一）

图 2-8　磨刀（二）

5. 控制面板（见图 2-9）

图 2-9　控制面板

6. 海绵收集装置（见图 2-10 和图 2-11）

图 2-10　海绵收集装置（一）

图 2-11　海绵收集装置（二）

7. 移动轨道（见图 2-12~图 2-14）

图 2-12　移动轨道（一）

图 2-13　移动轨道（二）

图 2-14　移动轨道（三）

8. 传动机构（见图 2-15 和图 2-16）

图 2-15　传动机构（一）

图 2-16　传动机构（二）

2.2　立柱与横梁结构布局

2.2.1　敞开式（见图 2-17）

图 2-17　敞开式

2.2.2 “Γ”式（见图2-18和图2-19）

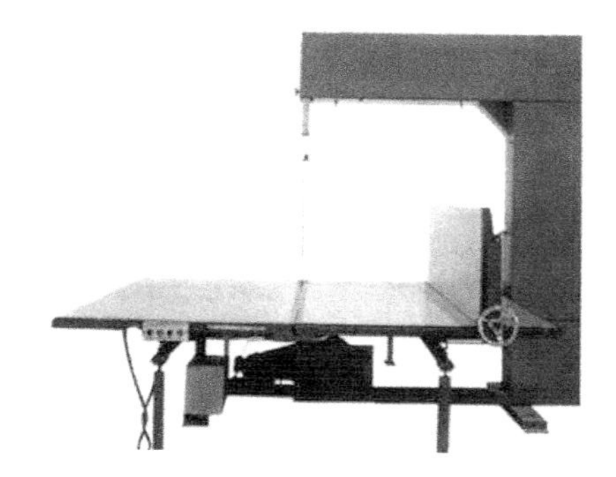

图2-18　“Γ”式（一）

图2-19　“Γ”式（二）

2.2.3 龙门式（见图2-20和图2-21）

图2-20　龙门式（一）

图 2-21　龙门式（二）

2.3　切割尺寸与切割花样布局

2.3.1　水平片状切割（见图 2-22）

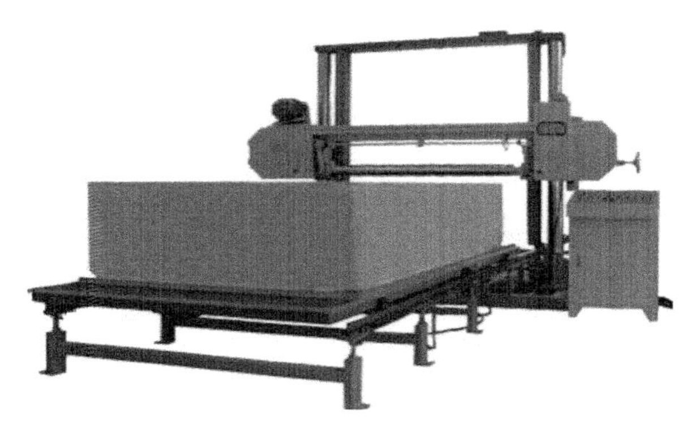

图 2-22　水平片状切割

2.3.2　竖直片状切割（见图 2-23）

图 2-23　竖直片状切割

2.3.3　条状切割（见图 2-24）

图 2-24　条状切割

2.3.4 曲面状切割（见图 2-25 和图 2-26）

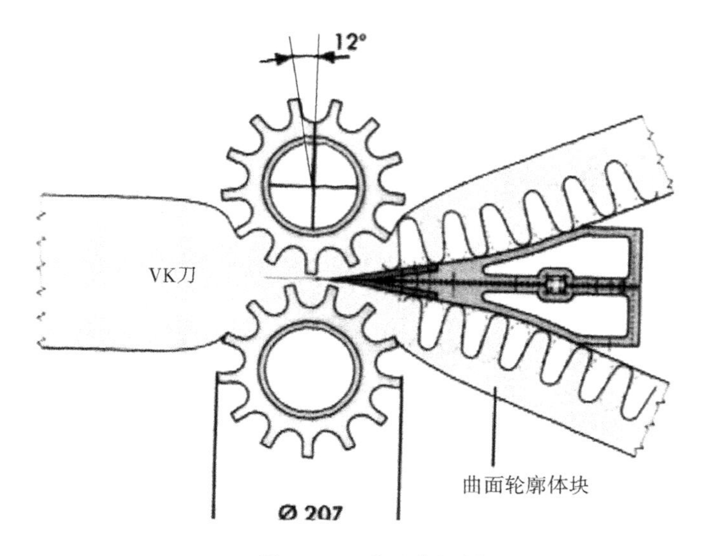

图 2-25 曲面状切割（一）

图 2-26 曲面状切割（二）

第 3 章　艺术造型的美学原则

人们评判一个工业产品美与不美，习惯上以它给人的“美感”来反映。“美感”是指审美意识客观存在的诸审美对象在人们头脑中能动的反映，即人们在欣赏活动或创作活动中的一种特殊心理现象。评判产品“美”或“不美”，必须认识该产品的形态构成、线形艺术、色质美感、布局方法、宜人性和面饰工艺等是否充分、完美地表现产品的功能特点。只有表现的形象完全符合功能要求、美学原则和科学原理，适应人与环境的要求，并给予大多数人以真正“美感”的产品，才是真正“美”的形态。

3.1　形态及其心理

3.1.1　形态的定义

工业产品设计师的任务是在经济实用的前提下，将产品的综合要求用“形”表现出来。所设计出来的产品必须好用、美观，具有独创性。“形”的好坏不仅仅是好看与否，还体现在能否充分发挥产品使用上的效果。

那么，“形”到底是指什么呢？从字典中可知，“形”是指：①物体的模样、形体；②姿态；③样子、状态等。所以“形”可以理解为“形状”“形态”“容貌”等的代名词，即形是所能感觉到物体的样子，形态是形的模样。

按照心理学的定义，形的意思取决于人们从形本身及周围关系所联想的心理因素。人类认识形态是靠视觉和触觉。由视觉捕捉和由触觉弄清楚往往是一致的。但一般说来，视觉远比触觉敏锐，能辨别微妙的差异。视觉是一种空间的感觉，把空间的感觉叫作视空间，这又分为生理的一次印象和经验的二次印象。

生理的一次印象是由眼构造的机能而产生的，它有三种作用：①调节作用，即随着被视物的接近，毛状肌产生收缩；②瞄准作用，即随着被视物的移动，动眼肌产生收缩；③两眼视差，即左右两眼所产生映像的错位。

经验的二次印象是由经验而产生的。映像的性质有以下七项内容：①映像的大小，即具有一定大小的物体，距离越远，看起来越小，②大小的比例，即同时映入眼中物体大小的比例，从而产生远近的感觉；③映像的鲜明度，即近处的物体比远处的物体映像鲜明度高；④映像的形状，即平行线间的距离，远端比近端窄，到无限远处两线交会于一点；⑤映像的重合，即近处的遮住远处的一部分；⑥阴影，即由光线产生的明暗对比，从而增强了立体感；⑦视野内的高低，即通常处于上方的物体有较远的感觉。

上述的印象，即具有特别形式的刺激配置，也可以说是为了达到某种特殊目的应具备的某些必要条件。例如，为了使某种物品具有清晰的“形态”，要考虑刺激配置的方法问题。为了达到这种目的，应使轮廓线与配置方法相适应。

1. 注意的条件

引起感觉的注意可分为能动的和被动的两大类。前者是通过人的眼、耳吸引其注意，后者则是由于注意者的兴趣和关心所产生的。被动的注意又分为先天条件支配和由后天习惯产生的两种。

能动的注意包括强度的大小、反复、变化、对比、运动、刺激的性质（指痛感、特殊颜色、声音等）、位置、明确的外形等。被动的注意包括共同关心的内容、由于习惯和经验产生的刺激（因人而异）以及接受刺激时的态度，即有无主观的愿望、预想、期待等。

除上述内容外，还有时间方面的问题，如注意力能持续多久，能注意到的范围问题，注意力的集中与分散问题等。

2. 注意的综合条件

当现象呈现在人们面前时，注意的程度将随着人的状态和过去经验的不同而异。人们观察几何图形的错觉就是其中的一例。不同的民族、不同的文化、不同时代的人观察自然界中的各种自然现象时有时也会想象出不同的结果。对于这样的“综合”来说，过去的经验是很重要的条件。

由于上述因素作用的结果，在感觉的同时将其群化或分离，便可形成优良形态。所谓优良的形态通常是有规则的、单纯的和匀称的。

3.1.2　形态要素及其心理感觉

产品设计的基本要素之一是形体，而形体的构成是由点、线、面这些元素的运动与变化而形成的。在研究形体形成、演变的同时，要使立体构成达到较高的艺术性，除从立体构成方法和表现手法上下功夫外，还应注意立体构成中人对形体的知觉感。现代工业产品不仅具有完成生产工具的功能作用，重要的是使物质机能和使用功能更为深化，使物质机能和它产生的精神功能紧密结合在一起，即要特别注意产品外观的形式心理。或者说，形式心理是现代工业产品设计构成的美学基础之一。从心理学研究，人们的感知、记忆、联想、情感是与产品外观形式的内核联系在一起的，由于这种形式基因的作用，人们对各种线条、形状、色彩才产生共鸣，如人们对形式感产生诸如“魄力”“雄伟”“气势”“肃穆”“柔弱”“刚健”等各种心理感觉。而且这种形式感觉比使用语言传达示意更快。因此，通过产品形态的形式心理就更能表现出所设计产品的艺术感染力。

形式心理的依据是生活、自然和社会环境。自然规律和自然现象对人们认识几何要素有着极大的影响。长期的生活实践，人们对几何要素的性质已积累了很多经验，对形的认识也产生大量的比拟与联想，总结出关于形的象征、气质等方面的规律，运用这些规律可以对产品的形体设计产生一定的指导作用。因此，掌握并合理地运用形体构成规律和形式心理要素是进行产品设计的基础。

1. 点的概念及其心理特点

点——表示位置的所在。它存在于两线相交叉处，几何学上的点是无大小的，但在产品设计中，点有大有小，没有绝对的数值，也没有固定的形状。点一般的理想形状是圆形，但也可是任意的自然形（如角点、星形点、米字点、三角点等），其特征与形态无关，而仅取决于面积的大小。

点具有高度集中的感觉。产品设计中利用大面积中突出某一小面积的对比作用，极易起到引导视线，即集中视线于此点的视觉作用。例如，机柜的一个大平面上，采用面积虽小，但形象艺术、色彩夺目的一个小商标（标志）图案，如果色调、位置等配置得当，小小的商标图案很易形成视觉的焦点，首先引起观察者的注意。所以说，合理利用点的性质，会使很小的点，起到不可估量的作用。

同一空间不同位置的两个点，点与点之间会产生心理上的不同感觉。点的运动、点的分散与密集，可以构成线和面的一些特性。点之聚集，利用不同的排列组合而构成有规律的图形，能表示出特定的意义，如计算机程序的穿孔纸带、盲人的点字。因此，点的运用要注意构成的形式。

2. 线及其心理特性

线——点移动的轨迹称为线，也为两面交叉之共线。首先，在几何学中，线是无粗细的，但运用在产品设计中，点在产品设计中有大小，其移动轨迹形成的线就有粗细。其次，构成线的基本因素——点移动量的值必须远远大于其大小，如移动量值太小，则不称其为线而为点。

线有一定的方位，它由点的运动方向所决定。点的移动方向固定不变所形成的线为直线，点移动方向随时间的增量 Δt 不断变化时就形成曲线。点移动方向时而固定不变，时而瞬息改变时则形成折线。折线是直线与曲线之间的过渡形态。

线按其形状和性质的不同可分为直线和曲线。直线是具有明确方向的线。曲线为不具有明确方向的线，它包括函数曲线和任意曲线。函数曲线的种类很多，如椭圆曲线、蛋形曲线、抛物曲线、双曲线、摆线、螺旋线、渐开线、概率曲线和三叶玫瑰线等，它们都具有渐变、连贯和流畅的特点，并按一定的规律变化与发展。任意曲线是自由而富有个性的曲线，不能用函数式表达，很难画出重复相同的曲线，但其应用却较普遍。

线的形式多样，由各自的特性所表现的形式心理状态也各不相同。

直线是点的定向运动轨迹，所以直线具有运动感和方向感，并给人以严谨、秩序和明快的感觉。直线有时还象征刚直、统一、坚固、有力。粗线有厚重、强壮之感，细线有敏锐的视觉感，锯状的不规则直线具有不安与神经质的感觉。

直线按方位的不同可引起不同的心理感觉。水平线是其他所有线的基础，故称为水准线。它给人以起始、平静、稳定、统一和庄重的感觉，同时还具有平稳的流动感，所以在汽车上用它作为动态线。在产品中常用水平线作为体面的分割线，给人以稳定感，用它联系分散的局部，造成统一和谐的感觉。垂直线给人以庄重严肃、坚固沉重、挺拔向上的心理感觉。设计中常用加强垂直线的手法，以使所设计的产品具有刚直、挺拔有力、高大庄重的艺术效果。倾斜线则产生较强的动感，因此倾斜线给人以奔放上升、散射突破、不安定的感觉。

在实际应用时，水平线、垂直线和斜线并用，可以达到静中有动、动静结合的意境。折线具有连续、波动重复的感觉，有较强的跳跃的动感，富于变化。要应用恰当，否则可能引起动荡、跳跃、不稳定的效果，从而破坏产品的安定性。

曲线按其曲率的大小具有不同程度的动感，常给人以轻松、柔和、优雅和流动的感觉。几何曲线的形态具有柔软圆滑、丰满愉快和理智明快的特征，其中抛物线有流动的速度感，双曲线有对称美和流动感，自由曲线则具有奔放和丰满之感。自由曲线中的 C 曲线具有简要、华丽、柔软之感，S 曲线具有优雅、高贵的感觉，而涡线具有壮丽、混然的心理感觉。

3. 面及其心理特性

线移动的轨迹则为面，以不同形状的线作为母线（或称为素线）沿特定的导线（确定的方位）移动，就构成了不同性质的面。在几何学中线无粗细，所以线移动的面就无厚薄。应用在产品设计中为了与体相区别，也以无厚度计，因此，面只有大小而无厚度。

实际设计中经常使用的几何面主要有平面、折面和曲面三类。平面形简称为“形”，是物被限制于平面上的面，是平面上的轮廓所包围的面积。平面形一般分为“几何形”与“自由形”或“直线形”与“曲线形”。直线形又包括几何直线形和自由直线形。曲线形又包括几何曲线形和自由曲线形。

由于人的视野特性和对“形”与自然现象的比拟联想，以及各类线形所具有的心理感觉不同，因而由不同线条所构成的平面形也具有不同的性质和不同的视觉感和心理感觉。几何直线形具有安定、信赖、简洁、坚固和秩序感。自由直线则视其特性而表现出不同的心理效果，一般具有强烈、锐敏、活泼和明快的感觉。几何曲线形有柔软、有数理性与秩序之感，一般给人以自由、高贵、整齐和明快的感觉。而自由曲线形不具有几何秩序，较为自由、流畅，易于引起人的兴趣，一般具有优雅、魅力、柔软和散漫的感觉。图 3-1 所示常见基本平面图形的心理感觉。

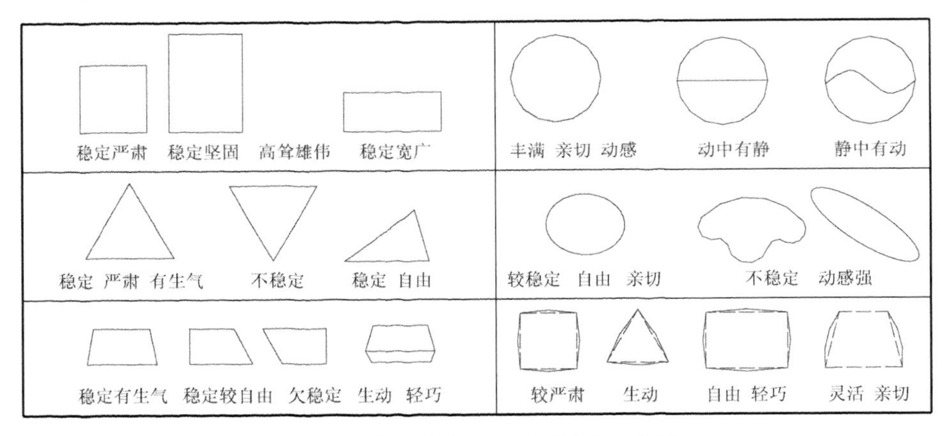

图 3-1 常见基本平面图形的心理感觉

3.1.3 视错觉心理及其应用

1. 关于视觉误差

眼睛是人们认识世界的重要器官之一。作为一种器官，它能反映出物体的形状、大小、色彩和质感等外部特征，称为视觉。这种视觉能力不仅与形成视觉的生理过程有关，还和人们所感知物体的条件和环境有关。由于环境不同，某些光、形、色等因素的干扰，自身各部分之间的相互作用，以及透视作用而引起的形体变形等，再加上人心理状态的影响，人们对物体的视觉感往往会发生“错觉”，这种错觉是正常人带有的普遍性、共同性的视觉错误，它是人们所具有的共同生理特征。把形状、尺度及色彩等有关的错觉称为视觉误差。

视错觉既普遍存在，又复杂多样，但其产生原因主要有两个：一个是人的生理特征所致，即它与眼的视觉通道的构造有关，与观察不同的物体而发生的变化因素有关；另一个是由心理的知觉所致，错觉从很多方面说，是知觉恒常性的颠倒。尽管视网膜上的物体影像没有变化，而知觉的信息处理系统产生的知觉刺激因环境的干扰而不同，形成受骗的现象，即产生错觉。

视错觉有时对形体产生歪曲，收到不应有的视觉效果，甚至造成浪费。人们在长期的实践中，认识到视错觉是无法排除的。所以，了解视觉误差产生的原因及规律，对正确认识形的性质和掌握图形产生误差的规律是十分必要的。一方面可采取必要的矫正方法减少对设计效果的影响，另一方面又可利用视觉误差作为一种艺术处理手法加以利用，使其达到预期的效果。

2. 视错觉与产品设计的关系

产品设计是在人的习惯视觉范围内进行的图面设计工作。有些设计因实物太大而只能按比例缩小，因此，从图样到实体之间，由于视觉范围、视觉角度、线形及形体尺寸的变化，特别是由于透视作用而引起视觉上的形体变化，会感觉图样与实体之间有一定的差别，这种形体上的变化主要是由透视变形而引起的。此外，在图样或实体上由于线形之间、图形之间的相互影响，不同方向、方位的对比，以及色彩、明暗等一系列因素的影响，都会造成所设计产品的形体、图形、线形及大小等发生不同的微小变化。尽管这些变化微小，但对产品的形体美影响却较大，决定着其最后视觉效果的好坏。

视错觉的产生和造成的影响是综合性的，要达到消除或合理利用错觉的目的，设计者必须全面理解和辩证处理各种视错觉现象，根据不同的造型要求在设计中加以灵活应用，使产品的实际艺术效果更符合人们的视觉要求。

3. 常见的视错觉及其应用

（1）透视错觉

透视错觉是指人们观察物体时，在透视规律的作用下，由于人们所处的观察点位置不同，而使得物体的形体和尺寸发生某些变化的一种错觉。

以观察高度（或长度）等分的物体为例，当人们所处的观察点位置不同时，所看到的等分尺寸因透视的影响而发生的变化。图 3-2a 所示为当人观察物体的等分高度时，距物体越近（图中的 S_1 点）看物体上部的等分尺寸比下部的短，高度越高尺寸差越大。

图 3-2 所示 b 为人们观察等分物体的宽度尺寸时，观察点越偏离中心位置和越靠近物体时（图中 S_1 点），远处的等宽度就觉得偏小。

如果对产品的体量尺度感有等长等大的要求，设计时应充分估计产品在使用环境中、主要观察点上产生的透视变形，并予以预先地矫正和调整，以使其最终视觉效果良好。在大型立式落地镗床的立柱上标明厂标，需铸造出几个大字，因人在观察这几个字的距离较近，透视变形作用的结果会高处的字显得矮。因此在设计图上应当将字的高度自下而上地逐渐加大一些，以矫正因透视变形所引起尺寸变小的错觉，达到匀称、舒展的视觉效果。

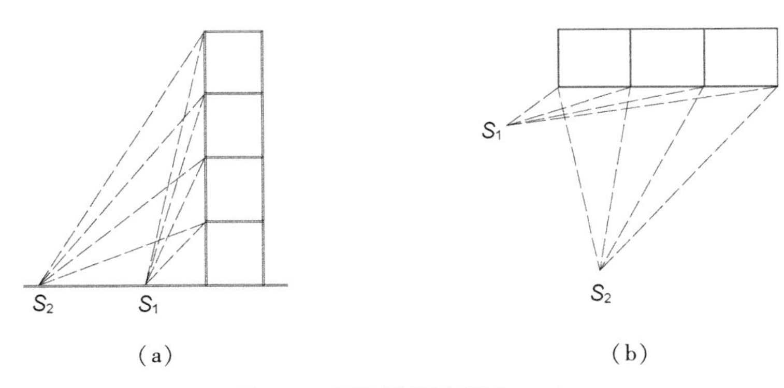

图 3-2　透视错觉示意图（一）

（2）光渗错觉

光渗错觉是指当物体形状尺寸大小相同时，在深色背景下浅色物体的轮廓比在浅色背景下深色物体的轮廓感觉要大一些的错觉。图 3-3 所示的两个大小相等的正方形，看起来感觉白色的图形比黑色的图形面积要大些。这种视觉误差的产生，是因为物体在视网膜上所成图像的周围有一圈白光射出，使白色背景下的黑色物体受白光包围，使黑色图像有所缩小；黑色背景下的白色物体白光向外散射，使形成的图像轮廓扩大。所以，看起来浅色的图像比深色的图像要大一些。这种物体图像周围的光好像是从物体的内部渗透出来似的，这种由光渗现象引起白大黑小的形体错觉就叫作光渗错觉。光渗错觉随着主体色与背景色的明度对比不同而变化，对比越强烈错觉越明显，反之越不明显。

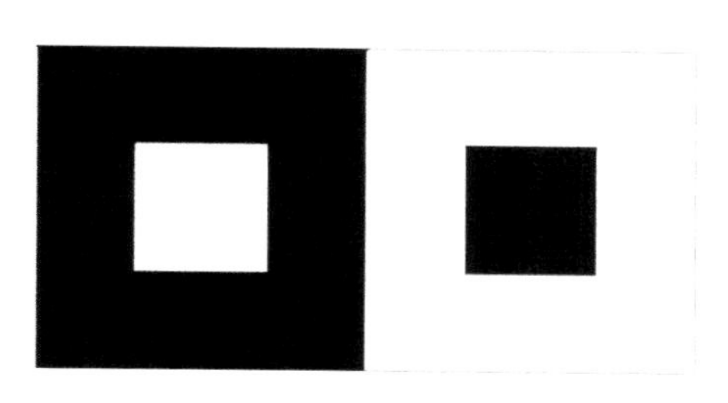

图 3-3　透视错觉示意图（二）

光渗错觉的现象比较普遍，在产品设计中经常可以遇到，如相同尺寸大小的零件（机床上的盖板、手轮，仪器仪表上较大型的操纵盘等），在置于主要视觉范围内时，如果要求面积形状相同，则不宜在相等图形面积的零件后面，采用不同的背景色，以免色度相差大，对比强烈，造成尺寸关系上的不同感。

此外，进行产品尺寸的形体处理时，若要求使较大的形体变得小一些，以与其他形体相适应，则可使该形体为深色，其形体轮廓就有缩小的感觉。反之，用浅色就可使该形体体积略有扩大的感觉。

（3）对比错觉

对比错觉是指同样尺寸大小的物体或图形，在不同的环境中，由于与环境条件的对比关系不同，会感觉它的大小有所不同。1889 年由缪勒-莱亚设计的线段大小的错觉就是一个典型的例子，如图 3-4 所示。两条线段本来是等长的，但一条由于在线的末端加上向内的两条斜线，就比在另一条线段末端加上两条向外的斜线显得短。又如两个正方形及两个相等的圆，被不同面积的正方形和圆形所包围，人们会觉得，被小面积的正方形和圆形所包围的图形要比被大面积的正方形和圆形所包围的相同图形要大一些。这些都是在不同对比情况下，由于不同大小图形的衬托比较而造成的视觉误差。

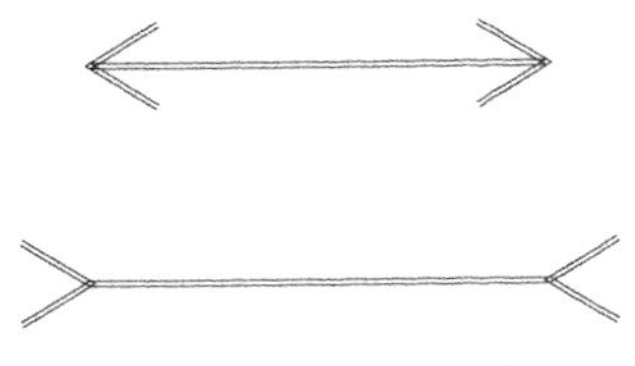

图 3-4　对比错觉示意图

鉴于这一对比错觉，在要求图形面积相等时，应注意图形环境对它的影响。例如，产品控制仪表面板上的刻度线形式和刻度数字面积的大小，对采用相同直径旋钮的面积感将产生不同的影响。机床设计中，在位置接近部位出现的凸缘或盖板要求具有相等的面积感时，其外围不宜再加面积不等的凸缘轮廓线，以免造成该面上图形面积产生参差不齐的感觉。

（4）变形错觉

变形错觉是指图形或线形在周围不同状况的线条或图形的影响下，原来的线形或图形发生一些变形的感觉。图 3-5 所示为一些变形错觉的图例，图中的正方形、直边六形或圆均有变形的心理感觉。

（5）位移错觉

位移错觉是指图形或线段受其他线段的分割或受不同方向的分割时，其线形和面积的尺度感要发生变化的一种错觉。图 3-6 所示为直线受两条线的分割后，该直线产生不连续的位移感觉。分割线间的距离越大，位移越愈大。直线与分割线的倾角越小，分割点的距离越大，则产生的位移感越大。如图 3-6 中线段 *AB* 与 *BC* 是相等的，由于 *AB* 进行了分割，则感觉 *AB* 似乎要比 *BC* 长一些。另外，实际上相等的线段 *ab* 由于受不同方向的分割，感觉好像不是相等的。

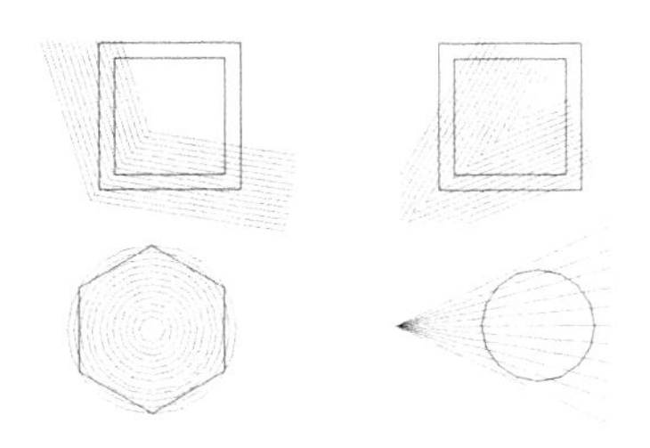

图 3-5　变形错觉示意图

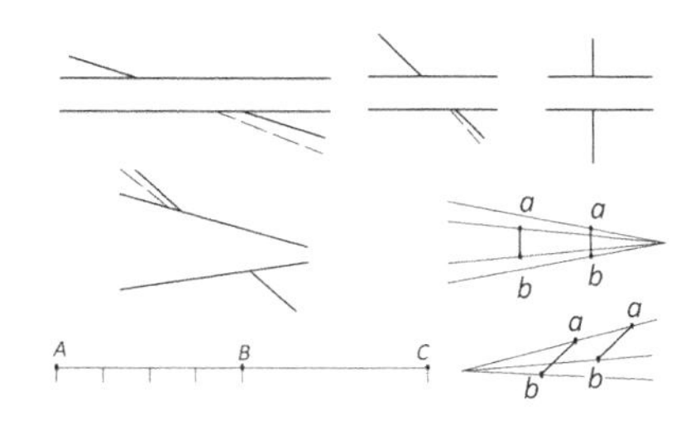

图 3-6　位移错觉示意图

（6）高低错觉

高低错觉是指人们在观察相等长度的物体时，总感觉竖直高度要比横向宽度大的错觉。产生高低错觉的原因是，人的视野在水平方向比竖直方向宽，形成视野区域为椭圆形，所以在观察尺度较大的物体时，由于高度超出人的上下视野范围，为了看清楚物体，人眼内晶状体的曲率势必增加，眼球向外凸出，还需眼球转动，于是便感觉到竖直放置的物体与等长横向放置的物体相比，其长度要略长一些。

边长为 a 的正方形，感觉它的高比宽要略大一些。为了矫正高低错觉的尺寸误差，可略将横边加长，使横边与竖边之比约为 15 ∶ 14，这样才感觉正方形比较正。因此，产品设计中对要求方正感比较严格的地方，可以考虑进行一些适当的修正，从而矫正因高低错觉造成的视感觉误差。

3.2　美感及其规律

美是人们创造生活、改造世界的能动活动及其在现实中的实现或对象化。作为一个客观的对象，美是一个具体的感性存在，一方面体现着自然和社会发展的规律，另一方面又是人的能动创造的结果。所以美是包含或体现社会生活的本质规律，并且能够引起人们特定情感反映的具体形象。美是一种内在的知觉，是一种感情。它只存在于人的知觉中，通过快乐的对象化而建立起来，与对象紧密联结着而产生愉快的情绪，它与对象的特征和结构不可分割，这些结构、特征所建立的知觉聚结成了对象的一种性质，就称为“美”。简言之，即在知觉中将客观事物产生的主观愉快的对象化，这就是“美”。

人们评定和鉴赏一个对象美与不美，习惯上以它给人的“美感”来反映。“美感”是指审美意识客观存在的诸审美对象在人们头脑中能动的反映，即人们在欣赏活动或创作活动中一种特殊的心理现象。

美作为一种感性的存在，是一个具有特殊规律性的内容和形式的统一体。在这个统一体中，内容处处表现于感性的具体的形式中，不能脱离感性的、具体的形式而存在。在在审美过程中，当对象形象的外界刺激作用于人们的感官，首先引起生理性的心理反应，产生一种适应或不适应的感觉，称为“快感”或“不快感”。因此，“美感”通常是伴随着某种一定的“快感”或与“快感”联系在一起的更本质的美的感受。

审美过程中，人们的审美观点总是在各自的生活经历中长期形成起来的，来自特定的心理背景上进行欣赏，从而得到了各自的“美感”。因为人们的生活经历、心理状况、思想感情与世界观都各不相同，因而各自所产生实际的“美感内容”必然受着各自独有的种种不同或完全相同的条件制约，因此，对同一对象“美”或“不美”的看法可能因人而异。但是，不能说就没有一定的审美标准。无论在任何情况下，人们的感觉只能反映客观事物是否美，而不能决定客观事物的美。如果不由美本身的客观本质来决定某对象是否美，那么美与不美就失去了任何客观的标准。人们生活在社会中，虽然审美主体本身受种种特殊条件的制约，产生了审美的个性差异。但在这些条件的偶然中，又必然受着社会客观规律的制约。于是审美感受的个性差异与审美感受的客观标准就具有一定的共性与统一性。所以，审美的社会反映和审美意识的倾向性的基本一致性就是审美的客观标准。值得注意的是，审美意识是随社会实践的发展、社会存在的不同而发生变化的，具有时代的、民族的和阶级的特点，因而也就不存在永恒不变的、绝对的标准，而只能是历史的具体的标准。

因此，评审工业产品设计得“美”或“不美”，必须认识该设计的形态构成、线形艺术、色质美感、布局方法、宜人性和面饰工艺等是否充分、完美地表现产品的功能特点。只有表现的形象完全符合功能要求、美学原则和科学原理，适应人与环境的要求，并给予大多数人以真正的“美感”，才是真正美的创意设计。

此外，美的事物一般都符合自然规律的形式，如色彩、声音和形体等给人们以舒适的感受。各种形式的美感更是以是否符合自然形式的规律性（如均衡、比例、节奏、韵律、统一与变化等）作为美的衡量尺度。这些“美”的原则同样是工业产品设计所应遵循的美学原则。

3.3　尺度与比例

3.3.1　尺度的概念

“尺度”术语应用在很多方面，在测量与制图学中，尺度就是比例尺。表示图上线段的大小与相应的实物线段大小之比。利用这种比可以从图上得到某个对象整体或者其局部实际大小的概念。在产品设计中，尺度是以人的身高尺寸作为度量的标准，对产品进行相应的衡量，表示其整体与局部的大小关系，以及同它自身用途相适应的程度和与周围环境相适应的程度。尺度也可认为是与人体或与人所熟悉的零部件或环境相互比较所获得的尺寸印象。

3.3.2　尺度感的形成和作用

尺度感是人对某产品所产生的尺度感觉，尺度感的影响因素主要是造型结构方式和与人直接相关的各种构件的传统观念。这种传统观念，是在人们长期的知识水平和经验积累的基础上形成的。因此，造型设计中结构或形式的改进与变换，不能只追求多样变化，同时还要满足人对它的尺度感觉。否则，由于联想和比较，易造成感觉上的不适。

有尺度感的工业产品，不仅美观，而且使用合理、舒适。因此，常以它来衡量产品设计的合理性和舒适的程度。

3.3.3　尺度与比例的关系

产品设计首先要解决的是尺度问题，然后才能进一步推敲其比例关系，所设计的产品如果只有各部分之间的良好比例，而没有合理的尺度是不可能符合使用要求的。比例和尺度问题应该综合、统一地加以研究，两者的协调统一乃是创造完美产品形象的必要条件之一。

良好比例和正确尺度，一定要以产品的功能为依据，不能孤立地推敲比例和尺度，而忽视它与功能之间的密切关系。尤其应把比例尺度以及和功能直接相关的有关人机工程学、可靠性技术等问题全面综合地加以研究，才能使造型的比例及尺度完美。因此，一定要依据造型对象的功能、技术和艺术等自身特征中所蕴藏的数比因素，去创造独特的比例和确切的尺度。

3.3.4 比例设计的要素和前提

任何产品都有一个比例与尺寸问题。“比例”是指局部之间或局部与整体之间的匀称关系。正确的比例是完美构图的基础，是艺术设计中用于协调各组成部分尺寸的基本手段，正确合理地确定比例，可以使产品的功能、结构、形体和色彩等造型因素所表现的形体构成组合，具有理想的艺术表现力和良好的相互联系。

产品设计的比例关系不是固定不变的。随着构成要素的变化、功能的要求、生产工艺的革新、科学技术的发展和欣赏爱好的变化，机械产品艺术造型的比例关系也将产生一定的变化。确定机械产品合理的造型比例关系，一般来说，可从下述几方面考虑：

1. 功能要求形成的比例

从功能特点出发来确定所设计产品的比例是产品比例构成的基本条件，因此，首先要考虑适应功能的要求，在此前提下尽量使产品样式优美，两相兼顾，决定产品各部分的尺寸大小和比例关系。普通车床、外圆磨床等卧式加工机床，从加工细长件的功能要求出发，它们必然是低而长的。对于立式车床、镗铣床、立式钻床等立式加工机床，从加工零件的大小和加工范围等功能出发，它们的比例必然是高而窄的。

2. 技术条件形成的比例

机械产品按不同科学原理所设计的结构方式，是随技术条件和材料而改变的，产品的尺寸比例也势必随之而变。例如，普通车床的传动系统，如果要求有相同的功能范围，采用的传动方式不同，其结构尺寸和比例就有较大的差异。传动带传动结构庞大，而采用齿轮传动的主轴箱和溜板箱结构则比较紧凑，如采用可控硅无级调速，其结构更为紧凑。新材料、高强度材料的应用在增加零部件强度和刚度的同时也可适当地减小尺寸，从而能缩小整个部件的比例尺寸。

3. 审美要求形成的比例

在产品设计中的比例关系除主要按功能要求和技术条件形成基本的比例关系外，对于一些结构布局允许灵活变动的产品，还可按人们的社会意识、时代的审美要求作为主要因素来考虑，使其比例关系具有时代特征的形式美。例如，仪器仪表装置，在功能要求和结构元件相同的条件下，由于总布局的结构方式允许有一定的变动范围，在设计其比例尺寸时，常按照审美要求来选择比例。因为仪器仪表框既可以做得方一些，又可做得扁平些，也可能做得瘦高一些。几种比例关系的选择，主要取决于设计者的审美观点以及该设备的使用条件。

对于同类型的结构，布局大体一致，功能相同的产品，其尺寸比例不同，所得到的“美感”和艺术效果也不同。图 3-7 所示为不同年代小汽车的尺寸比例变化，其长高之比不等。矮而长的比例给人以稳定、大方、线形优美流畅及高速的感觉。汽车的这种比例变化，反映了时代变化，科学技术、物质条件和审美观的变化。

可见，在工业产品设计过程中，认真研究比例关系，用适当的数比关系可以表现现代生活特征和现代科学技术的美。这种抽象的艺术形式是工业产品艺术设计中表现现代形式美感的主导因素之一。

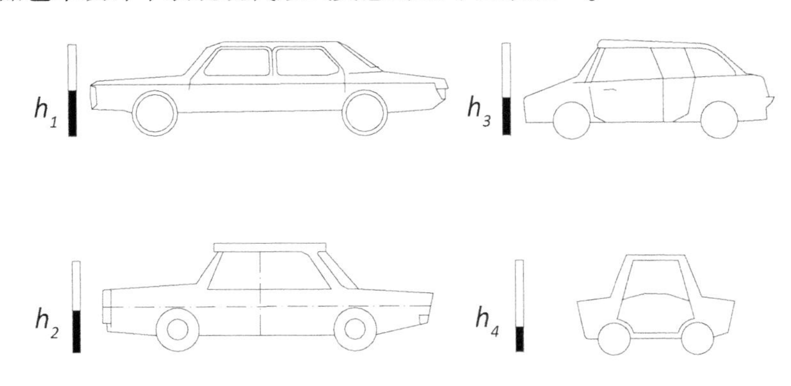

图 3-7　不同年代小汽车的尺寸比例变化

3.3.5 特征几何形的比例特性

为了获得良好的比例设计，必须研究形之间的比例关系。一些几何形状本身或者几何形状的一定组合，有时会给人以美的感觉。形之所以美，主要取决于外形的“肯定性”和各部分具有和谐的尺寸比例。而和谐比例依据的共有特征乃是线段和图形的几何相似。有比例，必然相似，也就有构成比例诸因素的比例感。

所谓肯定性的外形，就是形体周边的比率和位置不能加以任意改变，只能放大或缩小。它受到一定数值关系的制约，否则就会丧失此种形状的特性，这是特征几何形的突出特性之一，如正方形，无论尺寸大小如何，它们周边的比率总等于1，两周边的夹角总是90°；圆形则无论直径大小如何，它们的圆周率总是π等。

特征几何形的另一比例特性是若干毗连或者互相包含的特征矩形，如果它们的对角线平行或垂直，它们的形状就具有相似的关系，如图3-8所示。

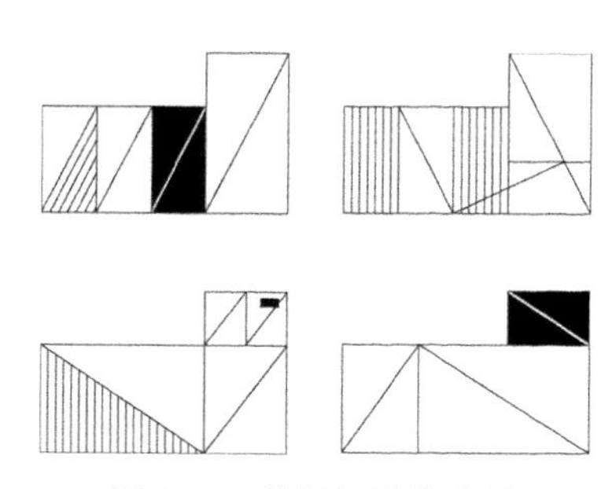

图3-8 特征矩形的应用

从上述特征的推演可知，当划分一个几何形时，如果划分后几何形的对角线彼此平行或垂直，则它们具有相同的比率。特征几何形的比例特性在产品设计中用以确定和分析体面比例关系。

3.3.6 常用的比例关系及其特性

1. 整数比例

整数比例是以具有肯定外形的正方形为基础派生的一种比例。一个正方形的各周边比率为 1 : 1。两个正方形连接的二元长方形相邻边比率为 1 : 2。这种多元长方形由于组成的基本形状为具有肯定外形的正方形，因而也是比较肯定长方形的一种，它的外形比例依次为 1 : 1，1 : 2，1 : 3，1 : 4，……，是整数比例的矩形，如图 3-9 所示。

整数比的形成可以是整数比的简单配合，也可以是分数形式的配合。利用整数比的优点是易产生符合韵律的布置构图，但因构成矩形边之比为整数关系，显得较为呆板。

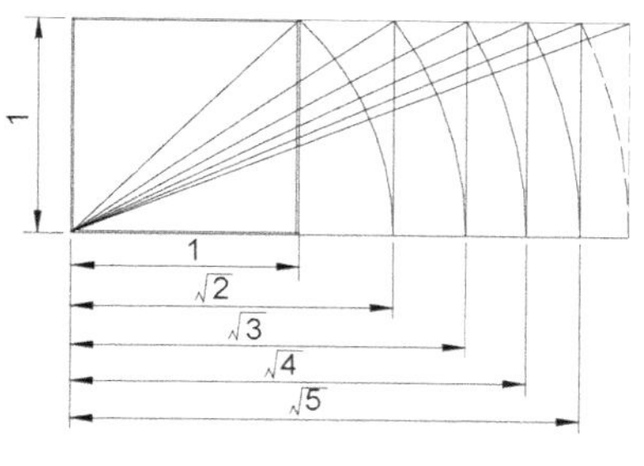

图 3-9 整数比例矩形

2. 均方根比例

均方根比例又称为直角比例，是以正方形的一条边长与此边的一端所画出的对角线长所形成的矩形比例关系为基础，逐渐以其新产生的对角线与正方形一条边形成无理数的比例系统。其比例关系为 1 : $\sqrt{2}$，1 : $\sqrt{3}$，1 : $\sqrt{4}$，1 : $\sqrt{5}$，……。均方根矩形根据自身的形成方式和矩形的比例特性，它们相互配合关系具有依序相加后可以得到其后的一个均方根矩形，若将各均方根矩形，按向原矩形对角线作垂线的方式，可连续地将原矩形分成与整体相似的几部分，分割出与原矩形相似的小矩形，能非常准确地恰好把原矩形的面积除尽。

由于均方根矩形的周边受到一定数值关系的制约而具有明确的肯定性，其比率又为无理数，它们之间有着和谐的比例关系，给人以协调的比例感，应用较为广泛。

3. 黄金分割比例

黄金分割是指把一直线分成两段，其分割后的长段 x 与原直线长 L 之比等于分割后的短段 $L-x$ 与长段 x 之比。不难求出 $x=(\sqrt{5}-1)L/2=0.618L$。

按黄金分割率所求出的分割点，实际上是接近于优选法中的优选点，其比值为 0.618。黄金分割点可以在正方形 $ABCD$ 外侧或内侧求出。图 3-10中的 E 点为正方形一边的中点，点 G 即为所求的黄金分割点。

4. 模度理论

模度理论是产品设计中比例设计的一种学派观点，它认为完美的设计，从整体到部分，从部分到细部，都由一种或若干种模数推衍而成。它是从人体的尺度出发，把比例与尺度、技术与形式美学做了统一考虑。它通过特定的数值关系，高度概括了这些互相关联而又相互矛盾的比例关系。

模度理论是从人体的绝对尺度出发，选定人的下垂手臂、脐、头顶、上伸手臂指尖四个部位作为控制点，与地面的距离分别为 86cm、113cm、183cm、226cm。这些数值之间个别具有黄金比率关系（如 113：183 = 0.6175）和倍数关系（即上伸手臂指尖高度恰好为脐部高度的两倍。利用上述四个控制点的四个数字，分别插入相应的其他数值，便形成了两套费波纳齐级数（见图 3-11）。第一套为 183、113、70、43、27、17，称为“红尺”。第二套为 226、140、86、53、33、20，称为“蓝尺”。

这些数值不仅包含着黄金率比例的制约关系，而且大体上能符合人不同姿态所要求的高度尺寸。利用“红尺”和“蓝尺”重合的尺寸，构成横向和纵向坐标，并构成了大小不同的正方形和长方形，再以这些正方形和长方形作为“模度”，利用这些模度作为尺寸或空间设计的基本单元，就可以做到整体与细部均能与人的尺度密切结合，不仅能在形式上创造出既多样化又和谐统一的比例，同时还能以最少的基本数值，创造出更多的形体组合。由于模度理论与人机工程之间有着密切的关系，实际意义较明显。

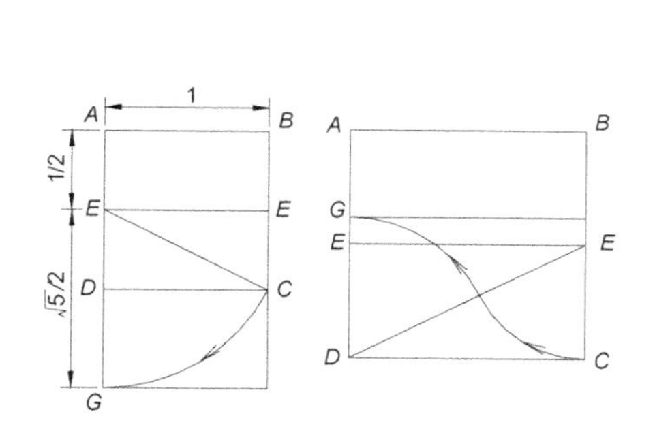

图 3-10　黄金分割点的求法

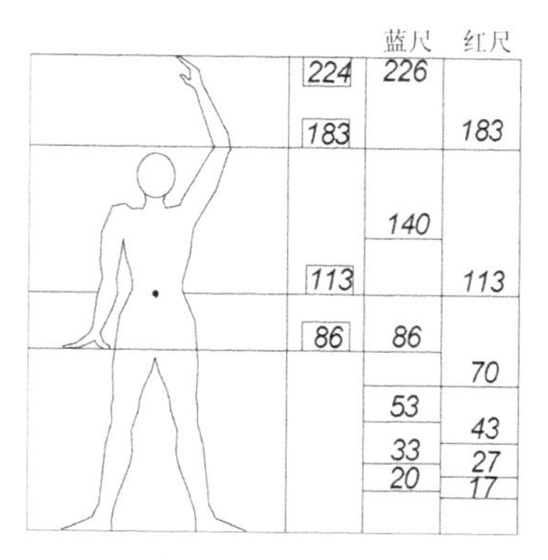

图 3-11　模度尺

3.4　均衡与稳定

3.4.1　均衡的概念及表现形式

均衡是指造型物各部分之间前后、左右的相对轻重关系。任何静止的物体都要遵循力学原则，保持平衡、稳定的条件。因此，产品的体量关系必须符合人们在日常生活中形成的稳定的概念。这里的体量关系是指形体各部分的体积，在视觉上感觉到的相互间的分量关系。

产品是由一定体量、不同材料和结构方式所组成的，它必然表现出自身的重量感。由于所采用的比例、尺度、材料、结构和色彩等因素的不同，所表现的重量感也是不同的。产品的均衡感，往往只取决于外形所产生的重量感，即从形的体量关系出发，而不从零部件的实际重量出发。

研究体量均衡的方法，最基本的出发点是恒定产品各部分间的体量平衡。设计中常按照杠杆平衡原理，即支点两端的力矩相等来构成平衡条件。常见的平衡有等量不等形平衡（见图 3-12a）、等形等量平衡（见图 3-12b）、不等形不等量平衡（见图 3-12c）和等形不等量平衡（见图 3-12d）等几种形式。假设用一个小黑方块的量感与四个白色小方块组成大正方形的量感相等，则各种体量平衡方式可用图 3-12 表示。

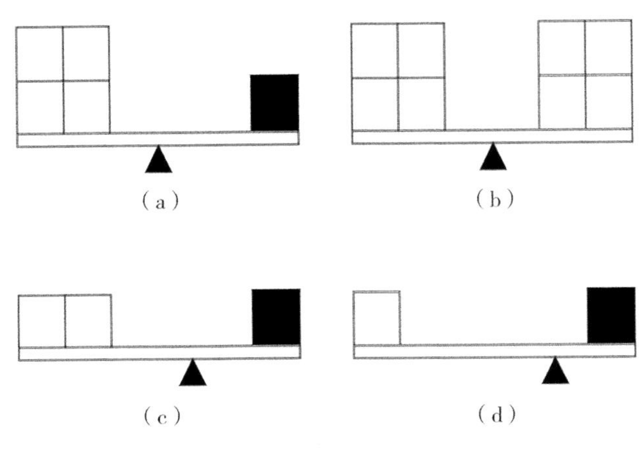

图 3-12 均衡的表现形式

由图可见，等形等量平衡和等量不等形平衡的支点都位于支承底面的中点，这比较符合物体放置和人们观察习惯的一般状况。而在等形不等量平衡及不等形不等量平衡中，虽然可以得到平衡的效果，但物体的放置一般都不会以这种特殊的支点形式来支承物件，这两种平衡不符合人们一般的观察习惯，给人以不平衡感。因此前两种平衡关系在产品设计与构图时应用较多。由此可见，均衡感的产生可由对称或不对称的形体关系表现，但其艺术表现力是不同的。

3.4.2 对称与不对称

对称与不对称是产品构图形式中最普遍的构成式样。一直被人们认为是形式美的重要条件之一。所谓对称，即按照一定排列规律布置的几何形。

体相同或相等的组成称为对称。对称的运用不仅出于产品的功能要求，在较大程度上也出于人们的审美要求。其形式由于体量均衡的方式不同，形成了不同的类型。

1）形体两半相互反照的均衡即构成镜面对称，是最简单的形式。图形的两半彼此相对布置，平分图形为两半的假想平面，称为对称平面。生产和生活中这样的产品很多，如眼睛、奖杯和汽车等。

2）形体以轴线的全等均衡即构成轴对称。轴对称也可视为一独立单元的镜面对称几何形体，以围绕相应的对称轴旋转，并能自相重合，构成以圆心为发射状，形成对中心点的对称，又称为辐射式对称。如果轴对称的形体相对于对称轴线既做直接运动又做旋转运动，就构成螺旋对称，机械加工中用的钻头、螺旋槽铣刀等形状即属于螺旋对称的实例。

3.4.3　获得均衡的构图方法

采用对称的设计构图方法是最易取得均衡感的，图 3-13 所示的几种机床即为镜面对称，给人以端庄、严正而又单调、呆板的视觉感。获得良好的均衡感也不一定必须采用完全对称的方法。在体量的组合中，可以采取多种多样的连接方式来取得均衡。图 3-14 所示的基本方法是取支承面的中点为假想对称轴线，然后粗略地估计左边的体量矩之和略等于右边的体量矩之和，这样的体量组合大致趋于均衡。

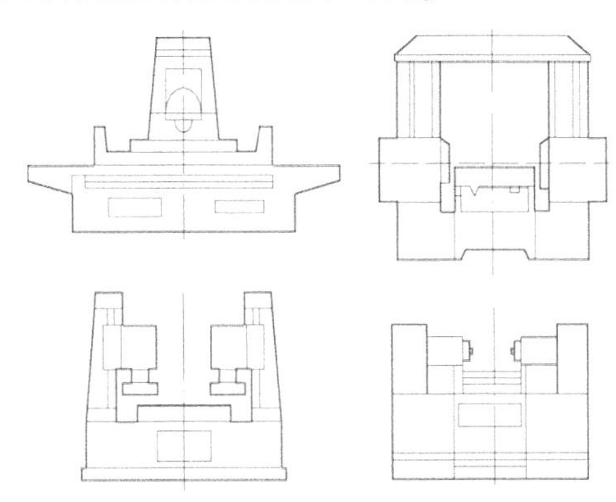

图 3-13　镜面对称产品实例

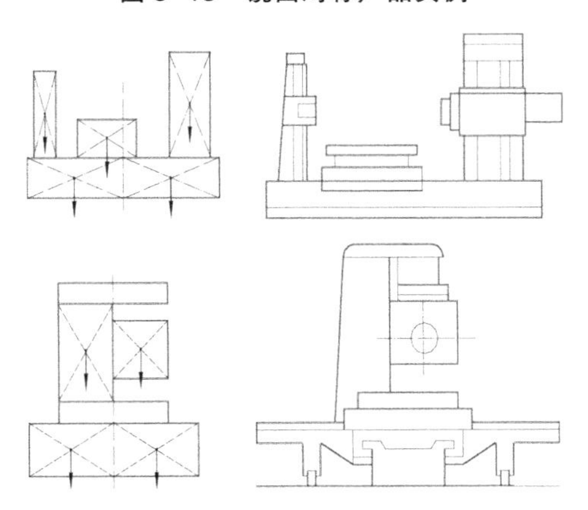

图 3-14　体量均衡实例

在产品外观的立面构图中，取得均衡感也是很重要的。产品立面上安装的组件，甚至立面上的一些线形布局，操纵板、控制板、仪器仪表中面板等图形的构图都应注意均衡问题。图 3-15（a）所示的车床就其外形来讲是均衡的。但若表示它的外部装饰（b）、内部结构（c）或改变部分结构（d），再从图面上看就会使人有不均衡感。在研究造型的均衡问题时，用不着衡量结构本身的轻重，可以不着重考虑内部结构（实际上，它影响外形轮廓的体量）；而对于外观视觉效果引起的不均衡感重点考虑并予以克服。如图 3-15（e）（f）所示，增加后端体积，或采用铭牌、标志等外观装饰件的方法，去求得整个造型构图的均衡。

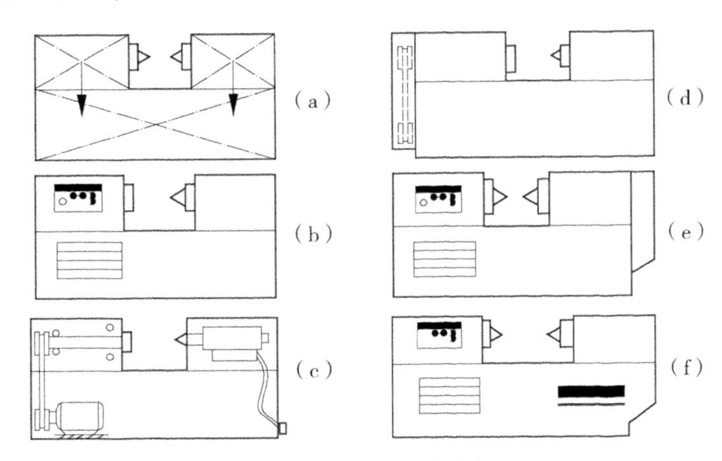

图 3-15　外形均衡实例

图 3-16 所示为某精密平面磨床的均衡构图，左部防护罩主要遮挡砂轮切向抛出的高速冷却液，因而它比右边的防护罩大而高。虽然该平面磨床主体的造型是对称的，但防护罩的左右体量关系不同，造成了左重右轻的感觉，如果将机床的电气柜置于其右下部，便可取得左右体量大体平衡的视觉效果。

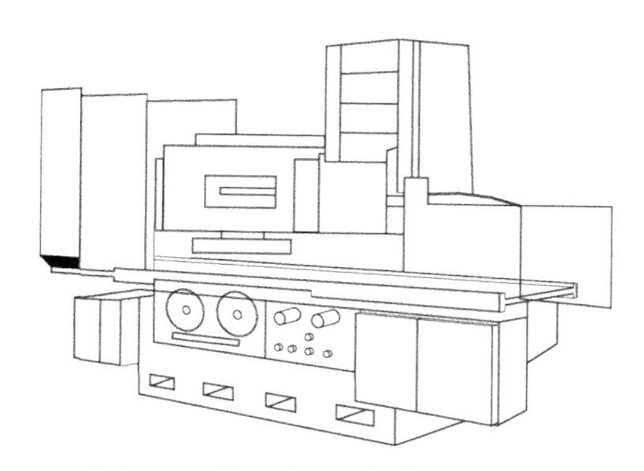

图 3-16　某精密平面磨床的均衡构图

3.4.4　稳定及获得稳定感的方法

1. 关于稳定的概念

产品设计中的稳定问题指解决产品形体上下部分间的轻重关系。按照力学原理，稳定的基本条件是物体重心的铅垂投影必须在物体的支承面以内，其重心越低，越靠近支承面的中心，则其稳定性越大。

由于产品结构布局和材质选用的不同，各部分形体的实际重量并不是均衡的，它的稳定表现在“实际稳定”与“视觉稳定”两方面。实际稳定是产品实际质量的重心符合稳定条件所达到的稳定；而视觉稳定是按产品形体各部分间的体量关系来衡量它是否满足视觉上的稳定感。产品设计中要同时考虑上述两种稳定，才能取得良好的稳定感，给使用者以安详、轻松的感觉。

2. 增强稳定感的方法

在产品设计中，一般可采用下列方法来增强其稳定感：

1）使形体的体量关系由底部较大向上逐渐递减缩小，形成所谓“梯形造型”的宝塔形构图风格。这既可使重心尽可能地降低，以取得稳定的感觉，同时也造成安祥、宏伟的效果。由于形体线形向上逐渐收缩，也丰富了线形的变化。图 3-17 所示的正梯形、斜梯形在产品设计中用得很多，它比正方形、矩形的视觉形象要自然、生动，而且稳定感强。

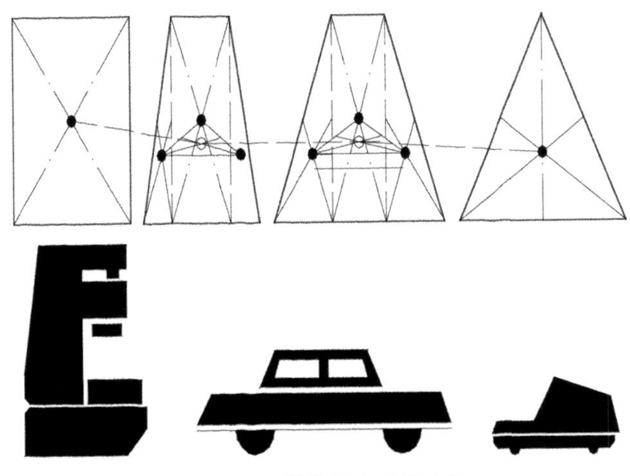

图 3-17　增强稳定感的方法

2）采用附加或扩大支承面的方式使之稳定（见图 3-18）摇臂钻床，从功能要求角度讲，“Γ”字形即可满足使用要求，通过在立柱下部用地脚螺钉紧固，虽然机床实际上是非常稳固的，但是，这样的构造给人们一种认为是伸臂和主轴箱的重量要使它倾倒的感觉。如果在立柱下部加上了扩大支承面的床脚支承板和工作台，使其呈“［”字形的造型，其稳定度就大大加强了。

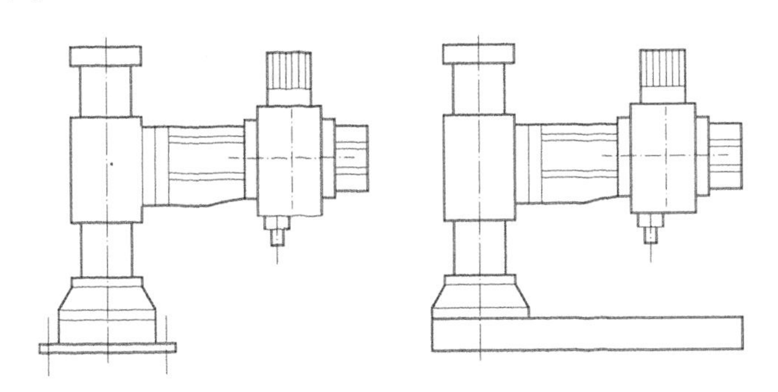

图 3-18　扩大支承面法增加稳定感

3）对于视觉稳定度差或需加强视觉稳定感的产品，也可以利用色彩对比，增强下部色彩的浓度（或暗度、冷度），以达到增加下部重量感的方法来加强其稳定感，如图 3-19 所示。

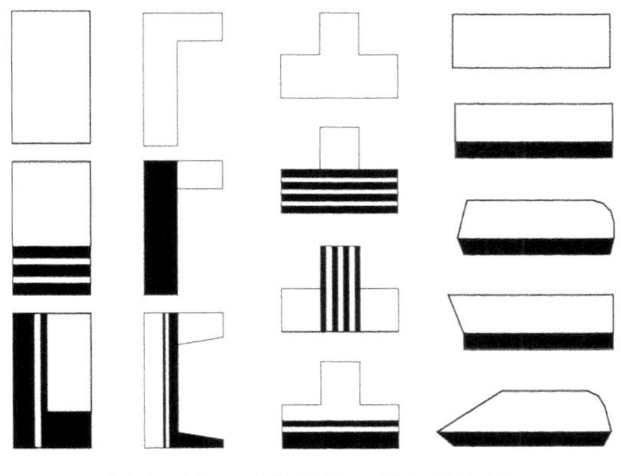

图 3-19　色彩对比，增强稳定感

4）利用不同材料及表面处理工艺的不同质感来获得稳定度。利用材质不同增加稳定感与利用色彩的轻重增加稳定感的作用相同。如铝板采用抛光处理和喷砂处理，造成表面质感不同，抛光部分明亮轻盈，喷砂部分暗淡而沉重。用于产品上下之间形成对比，喷砂部分在视觉上则可增加体量感，并使稳定感加强。

5）利用产品的表面修饰与装饰手段，可以增强稳定感。如利用产品的面板、标牌、标志、装饰条等均可加强下部的重量感，如产品下部用深色装饰，既突出了厂标、名称，又加强了稳定度。汽车、摩托车等具有较高运动速度的产品，为了表现它独具的性格和特点，既要求非常稳定，又必须表现出稳定中的高速度。因此，在轿车的车身构图中，除了常采用长条梯形体，以增加稳定感外，还采用了具有动感的曲线、曲面形成所谓“虫形”“鱼形”“楔形”等具有空气流动感线形，而且在水平方向的腰线上，塑造出各式各样的动态线，以增强高速感。对于大客车，常在车身下部采用较浓艳的色带，形成不同形式的动态线，来加强客车的稳定感和动态感，如图 3-20 所示。这些动态线表现了某些特殊的动态气氛，构成稳定中的“动态感”。这样可以使产品独具一格、生动活泼，使功能特点更明显地体现出来。

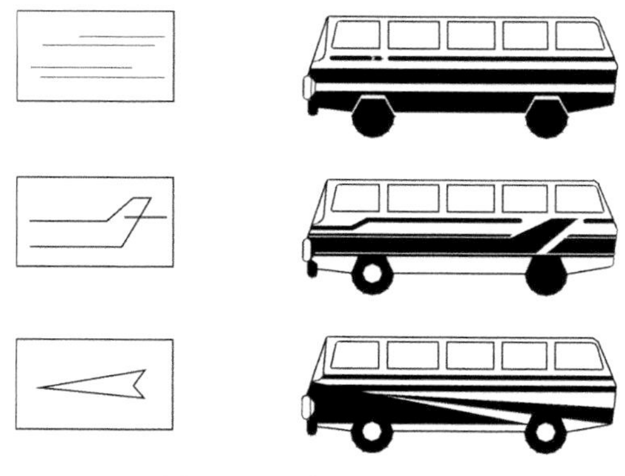

图 3-20　动态线的应用

3.5　统一与变化

3.5.1　统一与变化的概念

“统一与变化”在产品设计形态构成的三大原则（尺度与比例、均衡与稳定、统一与变化）中占有重要位置，它是最灵活多变、最具有艺术表现力的因素。

产品设计构图既要使产品有多样变化的艺术效果，又要有整体协调统一的艺术形象。“统一”可增强产品的条理与和谐的美感。但只有统一而无变化又会引起单调、呆板的感觉。为了在统一中增强美的情趣和持久性，又必须在统一中加以变化。变化可引起视觉美感的情趣，增强物体形象活跃和生动感。

为取得产品形象的变化与统一，主要采用的手法是在变化中求统一，在统一中求变化。这两种手法常常又具体表现于运用调和、主从、呼应、对比、节奏和重点等处理手法上。变化中求统一的表现技法，常利用调和关系、主从关系和呼应关系；在统一中求变化的表现技法，常利用对比关系、节奏关系和重点关系。

3.5.2　产品设计统一的基本要求

对立统一规律是指导一切艺术表现形式的基本规律。要设计一个满意的产品，在确定了其使用功能之后，首先要做的就是确定其主调，有了主调，便可减弱多种对立要素在视觉上的相互竞争，使它们从属于主调形态秩序的配列之中。产品形态设计中所要求的统一主要是指：

1）形式和功能的统一。这是造型中处理变化和统一的主要依据。造型形象应该是功能和形式有机结合的统一体，不能脱离功能要求而单纯追求形式上的统一，也不能只强调功能而不顾形式的协调统一。

2）比例尺度的统一。这是取得产品形象美的重要手段。完美的形体尺寸必须具有良好的比例和统一的尺度感，这是产品设计美感表现的重要方面。

3）格调的统一。这是充分调动功能、材料、结构和工艺等方面内含的美学因素，运用变化统一的手段，把这些因素有机地组合，使其既发挥各自的特点，又统一在同一风格和基调之中，使形、色、质等取得协调统一。

3.5.3　变化中协调手法的运用

1. 调和统一

对组成产品的各部分，应尽可能地在形、色、质等方面突出共性，减弱差异性，使造型体各部分间美感因素的内在联系加强，从而得到统一、完整和协调的效果。

当主体线形风格确定之后，个别部件的线形，由于结构功能的关系不可能完全协调一致时，就可采用渗进主体线形风格的协调因素，来调和它们之间的关系。图3-21所示的几种几何形，如果在以圆弧和曲线为主的造型线形中必须采用正方形、长方形、正三角形的形体时，为减弱直角、锐角的锋锐性，减弱直线的刚直性，可在上述几何形中加入弧线的因素，使其风格与主体的曲线、圆弧形风格更为协调。

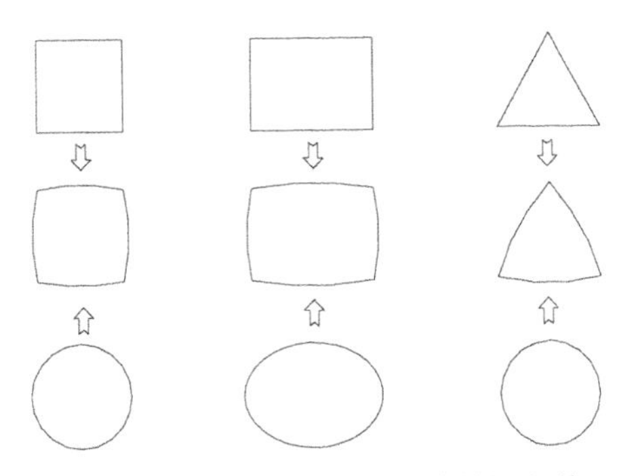

图 3-21　直线、曲线造型风格的调和统一

调和统一的方法很多，应该根据产品的功能、使用场合和使用对象等对其进行结构线形、零部件线形、整体线形、色彩以及分割与联系，进行调和统一处理。

2. 韵律统一

韵律指物质周期性地有组织、有规律重复变化的一种运动形式或变化现象，是产品形态构成设计中求得整体统一和变化的一种表现形式。韵律的特征主要有：表现形式重复、间隔间距相等、轻重缓急交叠。设计中常用的韵律有连续韵律、渐变韵律、交错韵律和起伏韵律，如图 3-22 所示。这四种韵律虽然表现形式各有不同，但重复是获得韵律的必然条件。只有重复韵律的基础上，加之有规律的变化，才能塑造出既不单调、死板、枯燥，又不失严正、条理、科学的工业产品。

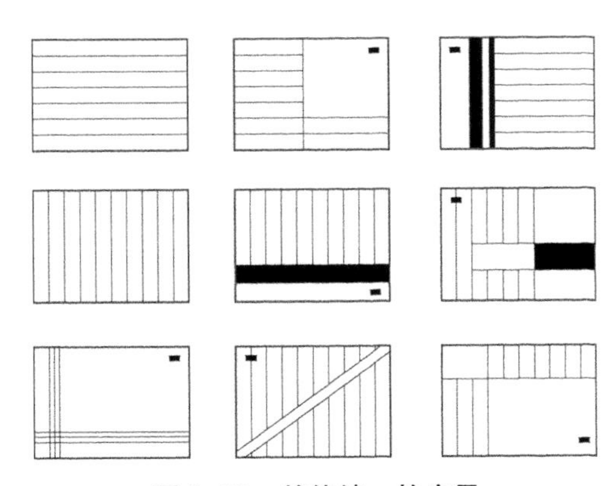

图 3-22　韵律统一的应用

3. 呼应统一

“呼应”指在被塑造产品的不同形体或位置的部件、组件上，运用相同或相近似的细部处理，使它们在线形、方向、大小、色彩、质感及面饰方法上的艺术形式具有一致性。通过使具有共性的因素重复出现，相互对应联系，造成相互呼应补充而形成统一的感觉。

4. 过渡统一

“过渡”指在产品不同形状的部件之间采用一种使两者相互联系、相互演变，使它们之间互相协调，从而达到整体形象完美统一的效果。过渡统一不表现于形体和线形，也可以利用色彩和质感的过渡来表现变化因素中的协调成分，使产品的整体效果和谐统一。

3.5.4　统一中求变化的方法

统一中求变化的方法指利用所设计的产品中的美感因素的差异性，求得在统一、完美和协调的基础上，使之更加动人。常用的表现手法有加强对比（包括形状对比、方向对比、体量对比、排列对比、色彩对比、材质对比等）、节奏变化和重点突出。

图 5-22 所示为方向对比的示意图，单纯纵横关系的视觉感单调而呆板。在主调的直线条中穿插局部方向对比性的线或面，使产品的表面有所变化，感觉就比较自然、大方而生动。

3.6　现代形式美感

3.6.1　概　述

造型的尺度与比例、均衡与稳定、统一与变化三个美学法则的应用，是取得产品外观构成美的基本的艺术表现手法。它是前人不断累积和创造的形式美感的基本规律，造型美的产品一定会体现出上述美学要素。在某个时期内符合上述美学原则的产品是美的，但是它的美并不一定是永恒的。人们使用的生产工具和生活用品的外观形式，也随着时代的发展，大量不合时代要求的老产品被淘汰。可见，产品所表现的美感，还必须有一个时代的概念。不同时代对美学三原则的应用也有所发展、提高，甚至有新的创造，并同时产生符合时代要求的新的美学观点。

此外，由产品外观构图的艺术形式的特征决定了它所表现的“美感”，也不仅是形态上所体现的美学规律的要素。由于工业产品是为了满足人们现代物质生活和精神生活的需要，满足现代科学技术与现代生产劳动需要的一种实用性产品，它服务于现代生活和现代科学技术，它的形象又是客观实际地反映现代科学技术面貌的独特艺术表现形式，也是现代生活方式和现代审美观极为重要的表现形式。现代的工业产品设计，已不仅是孤立地考虑形态外表的美，更重要的是它的精神功能和物质功能紧密结合在一起。以其现代的各种构图要素来综合地体现多方面的形式美感，适应人们的生理、心理和环境的要求。

为此，除掌握上述美学法则外，还必须对造型的时代性和现代形式美感的特征表现予以研究，才能使之更好地体现在产品的艺术设计中，使之符合时代要求，成为具有现代美感的工业产品。

3.6.2 时代性的概念及演变因素

随着时代的前进，科学技术的发展，生活水平的提高，人们的审美观也提高了。产品的设计必须跟上时代的步伐，不断地“推陈出新”。因此，现代工业产品的设计既有一个继承的问题，还有一个创新的问题。所谓“新”，就是要使所设计的产品充分体现时代的审美要求，表现时代的科技成果和艺术成就。因此，研究工业产品艺术的时代性，掌握时间的脉搏，作为产品设计的先导，具有十分重要的作用。

为了探索产品设计的时代性，必须掌握时代性演变的基本因素，从内在的变化规律中找出发展的方向。除了随着产品功能目的转化演变的因素外，还有以下几个方面：

1. 科学技术的发展

科学技术的日新月异，为新产品的设计创造了新的功能基础和物质条件，使产品能获得功能的先进性和高度的科学性。新功能的产生，促使产品形状发生变化。新结构、新材料和新工艺的出现与应用更促进产品科学性与艺术性的结合。

如早期的汽车造型，除了把在牵引力位置的马换成简单的发动机外，几乎和原来的马车没有什么两样。当时汽车的造型美仍然只停留于手工艺生产的华贵装饰而已，这种造型是工业产品艺术设计的基础，与当时的工业技术以及它只是供给贵族阶层乘坐这一功能相适应。随着科学的发展，车速的提高，汽车大工业生产的出现以及空气动力学的要求，原有的车型及其烦琐的装饰已远远不能适应现实需要，逐渐被简洁明快、线形优美、高性能、高舒适性的实用美所代替了。

2. 人们审美观的变化

由于时代的前进，科学技术与文化艺术的发展、人们物质生活水平和文化艺术修养的提高，人们的审美观念也在不断的发展变化。科学技术的新发现，如宇宙开发、航天技术、宏观与微观物质结构的新发现……都激起人们新的向往和追求，这就是现代工业产品设计需要表现新时代美的一个重要因素。

以人们对造形线形的认识与追求为例，20 世纪 40 年代前后，工业产品多以曲线、曲面、大圆角过渡或包络面的“流线形”形式居多，这种风格给人以笨拙、臃肿、肥大和不精细的视觉感，人们逐渐感觉到这种线形格调不美观。于是，20 世纪 50 年代末，所谓“方形小圆角过渡”的风格相继出现，它以挺拔有力、简洁大方、清晰利落的美感被人们接受和喜爱。但“方形小圆角”的形式容易造成单调、生硬、呆板，缺乏亲切感与灵巧感。20 世纪 70 年代中又逐渐演变为直线中渗入斜线的“梯形”风格。其特点是具有生气、活力和轻巧感，轮廓清晰、挺拔有力，还具有一定的动感。不仅形态较活泼、自由，而且有利于加强透视感和立体感。目前，这种风格又逐渐演变为“方形”或“梯形”渗入大曲率弧线和小圆角过渡，使产品形态生动活泼而亲切，柔中见方、刚柔结合，并不减弱形体刚劲有力、挺拔大方的视觉感。

3. 人们生理感受的失调与平衡

产品的外观设计属于视觉艺术的范畴。人的视觉特性具有刺激、感受、兴奋、疲劳、失调和寻求新视觉平衡的生理机能。例如，眼球中的色素细胞长久感受其色的刺激后，处于高度的兴奋状态。兴奋过度则易产生疲劳，于是色视觉过程处于失调状态。人的视觉生理机能就产生寻求新的色视觉平衡的要求，渴望出现此色的补色，来协调色视觉的失调关系。如长久观看大面积的红色，闭上眼后似乎在眼前的不是红色的残留，而是绿色来平衡色视觉的失调。人们长期大量地看到曲线形产品后，会喜欢方直的；长期大量地看到灰暗的产品色彩后则喜欢鲜明、艳丽的色彩；长期大量地接触形体复杂、烦琐外观的产品后则喜欢简洁大方、素雅灵巧的产品。

3.6.3 现代形式美感的特征

传统的形式美感因素是产品设计不可缺少的美学要素。但要表现符合时代的审美要求，现代形式美感的特征更具有独特的现实意义，也是产品设计的重要美学因素。

由于新科学、新技术的不断发展，出现了极其复杂、精密的产品构造和先进的工艺方法，同时也为社会创造了更为丰富的物质条件，使人们的现代生活越来越舒适豪华。人们在高度机械化、自动化的单调、紧张生产活动之余，又受环境的嘈杂与烦乱的影响，就特别要求物质条件要与精神生活相结合。因而对不同环境中的生产工具和生活用品，都追求有更多的情趣和优美的艺术享受，并且追求明朗而高雅、简洁而清秀、单纯而活跃的视觉感受。这种单纯是人们追求生理和心理上的一种新的平衡。

机械美是以规整、精确和具有几何美的要素来表现的，并体现出系列化、通用化、标准化的符合规律的数理逻辑关系，以及韵律与节奏的美，同时与大工业的生产特点相适应，所以也能充分地表现出现代感。

基于前述原因，人们心理需求的平衡和视野与思维境界的扩大，对形与空间的要求更为开阔和条理化。当代需求的形体与构图，要求空间开阔、舒展大方和平整简洁，不喜欢烦琐的线形与过多的装饰；喜欢大平面、大块面的形体而不喜欢琐碎的线面变化；喜欢空旷与疏密对比及有秩序感的排列，而不喜欢密集与零乱的排列。因而空间感、条理化与材质感也是现代形式美感的特征之一。

科学技术的进步，为现代工业产品设计中实现结构功能和面饰的工艺方法和材料提供了多种多样选择的可能性，有条件充分表现产品面饰的质感要求，以达到质感美适应人的生理与心理的要求。不同质感所表现的产品气质与形式美感是不同的。质感美的表现往往比色彩美给人以更深刻、更强烈的印象。通过产品的质感变化与对比所获得的色彩艺术效果更为含蓄自然，而且质感也最能反映新工艺、新材料的本质特色，因而材质感也是表现现代感的一个方面。

第 4 章　聚氨酯海绵切割机技术升级分析

4.1　现有材料切割技术分析

目前在复合材料构件的制造过程中，为了满足连接和装配精度的要求，制品在成形以后常常需要进行机械加工。机械加工的加工精度和表面质量对复合材料构件的使用性能、可靠性及使用寿命等产生重要影响。因此，复合材料加工理论与工艺的研究已经引起了国内外的广泛关注。早在20 世纪 60 年代，意大利、英国、美国、苏联等国家就投入了大量人力、物力研究开发水射流切割技术，直到 1971 年，美国制造出世界上第一台超高压力纯水射流切割机，简称为纯水射流切割机，并在家具制造业等领域得到了广泛应用。但由于纯水射流技术的切割能力较差，由此促使人们研究开发切割能力更大的磨料水射流切割技术，能够切割各种硬质合金、玻璃和陶瓷等材料，尤其是在纤维复合材料加工中表现出优异的性能。进入20 世纪 90 年代以来，磨料水射流切割与激光切割、等离子弧切割等现代切割技术正在形成互补并进的发展趋势。但高压水加工与激光切割并不适合所有加工生产，会使复合材料工件受潮或发生烧灼现象，为了避免出现以上情况，超声切割技术的出现可以有效应对所有类型的复合材料加工。

超声切割技术的基本原理是利用一个电子超声发生器产生一定范围频

率的超声波，然后通过置于超声切割头内的超声机械转换器，将原本振幅和能量都很小的超声振动转换成同频率的机械振动，再通过共振放大，得到足够大的、可以满足切割工件要求的振幅和能量（功率），最后将这部分能量传导至超声切割头顶端的刀具上进行预浸带的切割加工。超声切割广泛应用于蜂窝材料切割，有效避免了传统切割方法因产生粉尘对操作人员、工作环境及工件本身造成的污染。但在实际生产中，超声切割技术造价过高，往往是应用在特殊复合材料加工。

对于大量常用的碳纤维复合材料的切割加工，目前常用的方法为手工切割、带锯切割、砂轮片切割及铣削切割等，其中带锯切割是目前航空企业中使用较多的切割方法，但存在加工精度不高且效率低下等问题，所以带锯切割法只适用于粗加工。复合材料铣削方式可分为普通铣床铣削和数控铣床铣削两种，其中普通铣削存在质量差、效率低、人为因素大等问题，从复合材料切割后的切口可看出，加工精度较差，存在明显的飞边。在飞行器制造行业中，复合材料零件因为其外形尺寸较大、结构较为复杂并且加工精度要求高等特点，往往采用数控加工方式。相较于前几种切割方法，数控机床切割后的复合材料切口所示较为平整。但在数控机床加工过程中，会产生大量难以清理的粉尘。粉尘会通过各种方式进入机床的传动机构，影响机床的传动精度，甚至对传动件造成不可逆转的损伤，从而导致加工成本攀升。

聚氨酯软发泡橡胶，聚氨酯是生活中最常见的一种高分子材料，广泛应用于制作各种“海绵”制品，以及避振、抗摩擦用途的弹性材料，如鞋底、拖拉机坦克履带衬底。由聚氨酯材料，经发泡剂等多种添加剂混合，海绵复合材料压挤入简易模具加温，即可压出不同形状的海绵，它适合转椅沙发坐垫、背棉，也有少量扶手用定型棉做。目前，采用为 55~60 号材料密度，其弹性较符合国家相关标准。海绵弹性硬度可调整，依产品部位不同进行调整。一般座棉硬度较高，密度较大，背棉次之，枕棉更软。目前市场上对于聚氨酯海绵的切割技术处于研发阶段，切割机分为龙门式、敞开式、“Γ”式，多采用龙门式单向海绵切割机，如图 4-1 所示。

图 4-1　龙门式单向海绵切割机

4.2　切割机技术升级的意义及目的

海绵是一种多孔材料，具有良好的吸水性，能够用于清洁物品。人们常用的海绵由木纤维素纤维或发泡塑料聚合物制成。另外，也有由海绵动物制成的天然海绵，大多数天然海绵用于身体清洁或绘画。另外，还有三类其他材料制成的合成海绵，分别为低密度聚醚（不吸水海绵）、聚乙烯醇（高吸水材料，无明显气孔）和聚酯。海绵是聚氨酯泡沫塑料的一种，属于软质聚氨酯泡沫塑料。因有多孔状蜂窝的结构，所以具有优良的柔软性、弹性、吸水性和耐水性的特点，被广泛用于沙发、床垫、服装和软包装等行业。具体用途为家具（沙发、椅子坐垫及靠垫等）和床具（席梦思等垫材、复合布料）及服装鞋帽衬里等；模塑软泡的主要用途是汽车座椅垫材及摩托车、自行车坐垫等。我国人口众多，家具、服装、自行车等消耗量较大，另外，我国汽车工业发展、摩托车工业发展也为模塑软泡提供了广阔的市场。近年来，房地产行业发展火爆，成就了相关家具行业逆市扩张，逆势增长。而房地产市场的发展强劲势头带动相关下游家具业的快速发展与需求增长，这将为聚氨酯海绵带来更加可观的需求量。

随着经济的不断增长，工业水平得到不同程度的发展，人们生活对于聚氨酯海绵的需求也日益增多，在需求量增加的情况下，对于工厂加工的压力就会相应地增加，就目前的海绵加工工厂和工具来看依旧保留原有的加工手段及加工工具，这对于日益增长的市场需求来讲无非是一种落后。

同时，现有的聚氨酯海绵加工厂内加工工具存在一定缺陷，无论从外观还是从功能上都不能很好地完成满足工作需求。聚氨酯海绵切割机是主要的加工工具，存在效率较低等问题，要想提升生产方对于市场的供应能力，首先从海绵切割机入手，从工作形式结构及造型两方面，在实际调查的基础上，根据现有市场的缺陷进行有针对的改造，提高现有聚氨酯海绵切割机的加工能力。

4.3　现有聚氨酯海绵切割机分析

从外观造型方面来讲（见图 4-2），现有的海绵切割机并没有考虑到外观设计，根据实际考察，在加工厂内多采用龙门式海绵切割机，聚氨酯海绵切割机更多地从实用角度出发，机械各部分结构大都裸露在外，没有过多的包装及装饰，虽然易于检修、功能性结构一目了然，但是外观过于机械化，没有融入人性化设计，在工作过程中给人一种简陋及机械工具所带来的冰冷感，同时在工人施工过程中，存在一定的安全隐患。

图 4-2　聚氨酯海绵切割机

从功能及效率方面来讲，现有聚氨酯海绵切割机的结构相较于大型机器比较简单，在功能上比较单一，在实地调查及考察过程中，现有的海绵切割机多为单向式，在放置海绵的平台上，通过轨道滑动同时刀片飞速旋转，实现海绵切割动作，如图 2-21 所示，但是只能单向操作，往返一次切割一次，效率比较低，在工作过程中需要至少两人对机器进行控制及实时操作，是对人力、时间及电力的一种浪费。

4.4 聚氨酯海绵切割机技术升级改造方向

在整体外形结构上，针对现聚氨酯海绵切割机，造型简陋、工作效率低的问题进行外观升级及外观改造，本次设计在现有的龙门式聚氨酯海绵切割机的基础上进行改造，造型方面采用简洁的几何形结构，同时使两立柱呈对称结构，增加整体的稳定性，在两立柱连接部分设置为不规则的四边形，在稳定的对称当中加入不规则的跳跃性，整体采用大外包结构，将原有机械结构装在大的外形内，同时两侧设置散热孔，以保证切割机的工作温度，有效维持机器寿命。

在工作形式上，在切割机两侧设置刀片，相比于现有切割机，多设置一组刀片，在切割海绵时，面对海绵一侧的刀具组下降工作，龙门架在滑道上匀速地滑行，从而实现了对聚氨酯海绵的切割，当切割结束时，将面对海绵一侧的刀具组下降，另一侧上升，进行反方向切割，在放置海绵的平台上，往返一次进行两次海绵切割，有效地提高了聚氨酯海绵的切割效率，切割速度增加一倍，对于人力、电力有一定的节省（见图 4-3~图 4-7）。

图 4-3　立体图

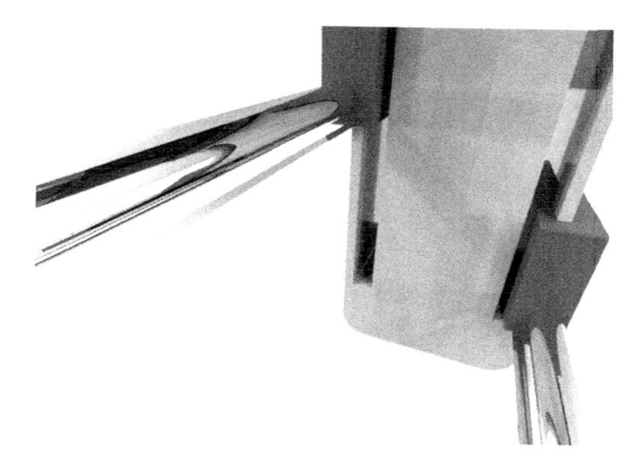

图 4-4　刀片细节图

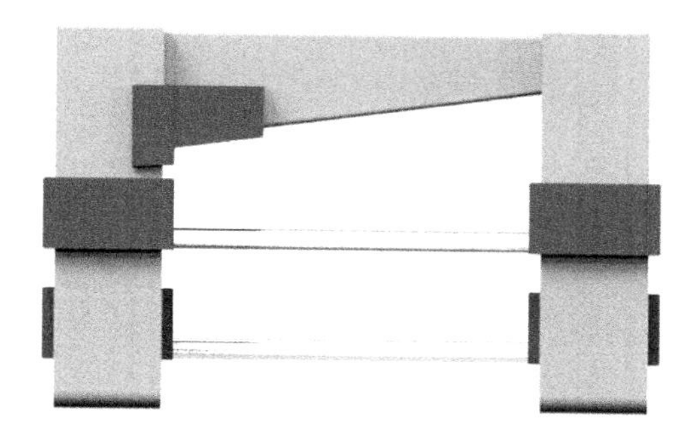

图 4-5　正面视图

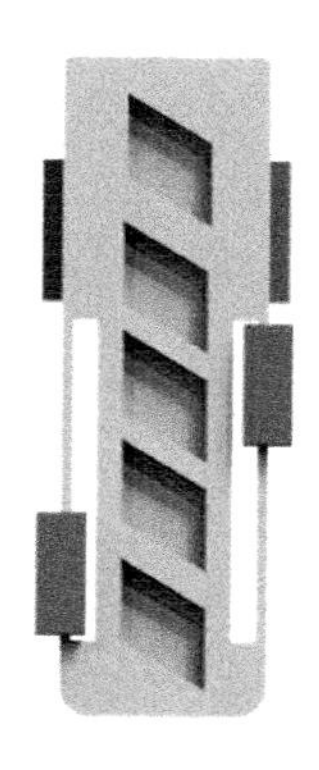

图 4-6　侧视图

图 4-7　顶视图

第5章　立体空间造型基础

5.1 概　述

在现实物理世界中，任何物质都会以某种形态得以呈现，如泥土的自然形态和用此泥塑造的人工形态——泥壶，是同一材料的不同形态再现；而任何形态也必然借助物质来展现，如同一座椅形态可由木、钢和塑料等不同物质材料来表现（见图5-1）。小到粒子大到天体都会以不同的材质表现其特有的形态。

图5-1　木材及塑料材质

5.1.1　纯粹的立体空间形态表现

体的定义即为面移动的轨迹，是一种三维形态。立体在空间中的形态表现是一个有具体体积大小的实体，且是人使用感觉系统后能有感知回馈的实际体积，如可以从不同的方向视角观察到，也能使用触觉触摸到。立体主要的本质特点就是其具有三维特性，既有幅度也有深度。立体空间形态表现的基本组成要素分为：立体材质的体量和其占据空间的具体位置大小，以及观察者的视角和光源，立体重心的运用及感官感受等。

立体形态具体可以细分为三种大的类别，分别是直线系立体、曲线系立体和中间系立体。从形态上分，立体又可以分为线、面体三类，当通过不同的点、线、面、体相结合就会产生一个不一样的、新的立体形态。线、面、体的关系是既有区别又有联系，它们都是以线为基础，又以线来分类的。

在空间形态中立体的表现形式最重要的要素就是材料，由于三维的立体形态是体量，是根据人的感知系统所感知，所以在人的视觉感知中，物体通过在眼睛的视网膜成像后在人脑中已经形成了平面的图像，这时候的图像形象是左右和上下的二维形象，随之人们通过所观察到的二维形象进行一系列的触觉实践，如触摸，以此来得到一个三维空间形态。立体物在空间中放置的位置不同，人们就会根据所观察到物体的大小来判断距离，这就形成了立体在空间中深度的特点；又由于空间里的立体在人们的视觉线上有一个灭点，所以就得到了一个立体的影像。再根据立体的材料又有各种类型，所以就会给人带来不一样的感受。

三维性是立体的主要特点，所以空间中的立体形态往往都是围绕其组成要素而构成的，如图 5-2 所示。其中重心规律的运用就非常重要，立体形态牢固才可以在空间中站立，所以立体的形态以及材料就必须要遵循物理重心的原则才能支撑起这个立体，重心越低立体就越稳，接触面积越大越稳定，合乎规律的立体形态才能给人美感。由于观察者对封闭立体只能从外部着手观察，所以立体形态的表现效果就应根据空间内的光源以及人的视觉范围来展示。最后就是空间立体材质的表现，这也被称为是形态的感官表现，然后又可以根据人们的触觉来感知这个立体的质地、大小和轻重等。

立体的质地指的就是立体的轻重以及表面的软硬粗糙程度，如石头砖块、金属钢铁会给人很坚硬又很重的感觉，而棉花、布、毛线就会给人很轻又很柔软的感觉。人们的视觉感知反馈就赋予了这个立体在空间中不一样的形态展现。立体外表不同色彩的材料会产生不同的温度感觉，如大理石、瓷会产生冰冷的感觉，而橡胶、木头就会产生很暖的感觉。不同的材质表面效果感受都不同，有的光滑，有的粗糙，如木头表面粗糙，折射光能力弱，而玻璃表面就十分平滑且折射能力强。最后由于材质的纹理不同就会使立体形态发生不同的动态变化，如表面竖直纹理多会使立体形态有纵向延伸的感觉，而横向纹理多会使立体形态有水平发展的感觉。所以立体在空间的形态表现是以具体体量为主的一个相对独立的实体，且不同的形态会产生不同的感知反馈。

图 5-2　空间中的立体形态

5.1.2　应用立体空间形态的思维方法

亨利·摩尔曾说："这个'真空'也有它的外形，如包围一只手腕的真空可以表达手腕的姿态，也是从这种雕刻法我才了解空间和外形是一回事，如果你不了解外形，你也不可能了解空间，反之亦然。"

立体空间形态是客观、多样化、多元化的，所以立体空间形态思维方法也是一个客观多元的创新想法，对立体空间形态的思维方法的运用就是对旧事务的改进、补充和再设计（见图 5-3）。

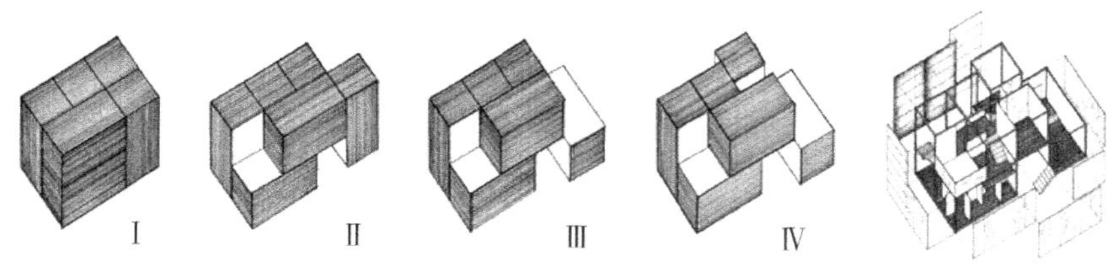

图 5-3　空间形态

1. 立体空间形态思维方法之逻辑思维法

逻辑思维是指人们在探索、认识和设计事物的过程中利用已知的抽象概念对实物进行反馈的过程，其中会运用到一系列（如判断、推理、分析、总结等）高级抽象思维方式，所以又称其为抽象思维。

逻辑思维在空间形态设计中的应用是一种简单的、常见的方法。在使用逻辑思维法时首先应该确定目的是什么，也就是需要到达或设计成一个什么样子的理想形态，随后再制订一系列的设计计划，收集一切对设计方案有用的相关信息，随后把所有涉及的要点都提前考虑到。在设计方案确定之后，就可以进行空间形态具体的设计和建造了。为了不断满足人们对美好物质的需求，设计师就必须对事物进行创新性设计，只有不断创新的产品才会被不断地被人们所需求，也才能使人们的情感需求和审美需求得到满足，在设计的过程中甚至还会受到各种文化、思想观念的影响，所以需采取正确的、理性的逻辑思维的方法去分析、推理问题，这就使线性逻辑思维在空间形态设计中的应用显得尤为重要，只有使用了正确的、恰当的逻辑思维方式才能使形态的创新性更合理、更科学。

首先，需要分析问题。通过观察、判断和推敲等手法来获取其原始信息，再进行分析与认知。把原始物中杂乱无章、复杂多变的信息进行筛选，并从中选择最能表达自己设计情感的语义符号，再根据这个语义符号继续进行创新设计。在整个空间形态中，整体与局部间的变化不仅多而且还有着千丝万缕的联系，其中不仅形态、线条、体量间都有着不同的比例关系，而且在美学视角下有着一定的美学要求。所以，对于空间形体各类设计要点的分析，必须通过人的大脑进行分析和选择，最终才能将好的设计形体展现出来。

其次，需要研究问题。一套完整的设计方案必会经过多次探索研究后才能提炼出一个好的形体，在这过程中需要将不合理、不科学、不美观的瑕疵进行消除，使这个形体能够不断地得到优化。只有不断地进行研究，才能对形体的创新变化进行总结，这样才能使提炼和改进后的抽象语义元素更加符合设计所需。

在前两步都进行之后，则需进行推敲、推理。在现实生活中，人们可以通过船在水中下沉程度推断船的载重，那么同理，在设计范围内这样的逻辑思维也是必需的。设计员将大规模泛比计算好后，便可对细节的比例进行推算和预测，当把所有空间形态的细节都推算和预测好后，就能将设计目的所需的形体感觉展现出来。在设计过程中运用合理的、科学的逻辑推理方法可以使设计过程更加轻松。

最后就是筛选了。艺术源于生活又高于生活，生活中有众多杂乱的设计元素存在，设计师则需要利用“慧眼”来挑选符合自己设计目的的具体元素，以此来提炼出具有个性化的设计元素（见图 5-4）。

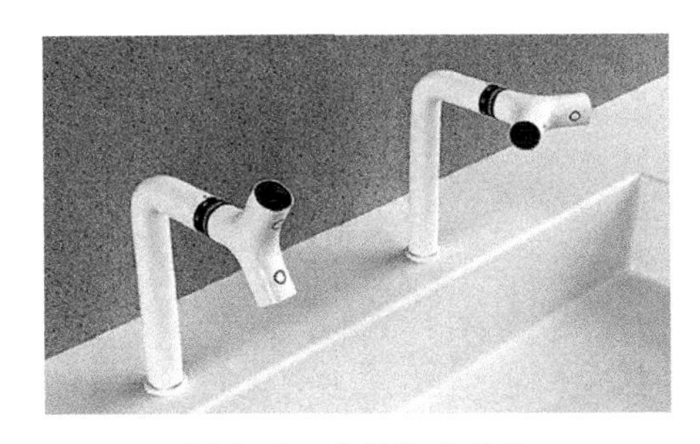

图 5-4　个性化水龙头

总而言之，逻辑思维的运用对于空间形体的设计可以说是具有非常大的意义的。

在思维领域层面中，逻辑思维是由逻辑因素所引出的一系列反馈活动，其主要的特征就是推敲、推测，它与思维领域中联想和想象思维法有着很大的区别，这些知识通常不是直接总结而出，而是通过大量的计算、对比得来的，逻辑思维法通过推理不仅设计师自己可以获得知识，他人的参与也会从中获得知识。在进行空间形体设计创造前，会受到各种因素的阻碍，在分析和研究这些问题的时候人脑的惯性思维必然会用到逻辑思维，所以这就把形体设计创造过程中的需求和目的充分地展现了出来。

逻辑思维是人脑思维的一种基本方法，它在设计领域上也发挥着重要的作用。当设计师在进行设计和创作活动时，所有的方案都是基于大量充分的逻辑思考上的，一个成形空间艺术形态的设计绝不是胡乱编造而成，而是设计师分别在不同设计时期下不断地进行调研、分析、推断和计算而得来的，这种理性的逻辑思维方法，可以让一个感性的灵感逐渐转换成一个科学、合理、美观的设计方案，从而才能创作出一个完美的设计作品。

而在产品设计的环境中，用户使用产品的逻辑顺序以及思维方式都是设计师所需要考虑和研究的中心，通过对这些逻辑的思考，设计师可以从中收获到不同的设计灵感，这样才能推动产品的发展和创新，提高用户与产品之间的交互，最终使产品更好地服务于人们的生活。

2. 立体空间形态思维方法之形象思维法

形象思维指的是人们在认识和探索世界的过程中，根据所观察到的事物外部形象以此来解决问题的一种思维方法。它也是将客观形象进行整体感受，并在此基础上结合自己的情感、认识和主观探索，并选用一系列手段、工具来创造和描述形象的一种基本思维形式。

形象思维是一种感性思维活动，它与其他的思维方式有着不一样的特征。形象思维是将情感融入进大脑的固有思维（如联想、想象），再基于观察到并已在大脑中成像存储后形象所进行的思维活动。形象思维法是思维方式中的一种特殊方法，特别是在艺术设计的领域中被得到广泛的使用。

人最本质的感知能力就是五感，通过对不同感知器官的刺激，感觉器官给大脑传送信息，促使了视觉、听觉、味觉、触觉、嗅觉的产生，从而最终在大脑中形成一个完整的外观形象。

艺术设计的最终目的就是使设计形象更具有科学性和设计性，从不同的视角上来看，形象是艺术设计作品基本的个性化特征，形象又是产品的视觉展示，如果没有形体的形象，则设计就没有了物质及思维载体，艺术设计中的形象是一种视觉形象，在空间中有明确的形式，且能被感官直接把握。

黑格尔曾说："如果谈到本领，最杰出的艺术本领就是想象。"心理学通常认为：想象是人脑对已有表象加工改造而创造新形象的过程。

想象力是人类大脑的特有功能，联想是想象的一种子方法，是人在通过观察外部物体的时候大脑对这个物体产生的不同类别方位的跳跃性思维活动。立体空间形态是由点、线、面、体不断变化、组合、删减得到的一个独立客观的实体，所以从这样一系列的变化过程和方法中升华的联想法是立体空间形态思维方法的基本组成方法之一，同时也是设计所需的。

因此，想象、联想是形象思维的较高级阶段，首先掌握现实客观形象，然后在此基础上再定一个基础立体形态，再根据这个形态以及设计目的要求再通过各类感觉器官获取大量具体翔实的形象资料来对这个基体进行一系列联想加工活动，如通过点联想到圆形，通过圆形可以联想到球体，再通过球体可以联想成珠宝等。同时也可以对其大小、材质和色彩进行多元化的联想，不断地将抽象的想象变成实体且注入设计师的情感因素，这就是体现创造性的两个阶段。

休谟曾说过："当心灵由一个对象的观念或印象推到另一个对象的观念或信息的时候，它并不是被理性所决定的，而是被联结这些对象的观念并在想象中加以结合的某些原则所决定的。"将各种不同的元素通过想象、联想的方法进行融合，就可以使形象的艺术性不断地升华。设计者先进入联想、想象这个感性阶段后，又进入理性的逻辑思维阶段，最后再通过感性的思维方法将理性的形态再一次地融入进感性中，从而达到设计的目的，这个就是形象思维法的特点。

总之，形象思维是一种不受限制、自由的思维过程。如图 5-5 所示，形象思维不仅具有感性特征更是具有理性特征，经过联想、想象、幻想思考过，最终的形态是具有浪漫主义色彩的艺术设计，所以形象思维与逻辑思维之间是有着很大的区别的。人们生活水平的不断提高，产品的功能性已不是唯一所考虑的因素，而它的个性化、趣味化的内涵越来越受到大众的好评。从实用性与造型的美观性双面去选择，只有两者都兼顾才能被更多用户所选择。

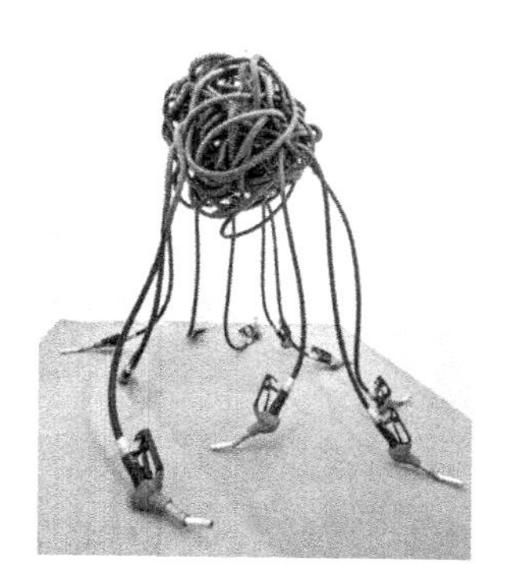

图 5-5　自由的思维过程

3. 立体空间形态思维方法之系统思维法

亚里士多德曾说："整体大于部分之和。"系统思维是整合了全局感性和理性思维的综合抽象逻辑能力，其核心思想特点就是系统观念的整体性。这种思维方法是站在整体的视角之上，着重解决局部与整体之间的关系。让我们可以从分到总，再从总到分一个思维过程。基于系统思维法之下的艺术设计，是一个整体性极强且涉及多方位元素的设计。它在精神、物质或者是文化上都受到各类社会环境和人文环境因素的影响，也只有海纳百川，才可以体现设计的灵感、创作的特点。

根据分析设计所涉及设计问题的整体性来看，可以从以下三个方面来理解，如图 5-6 所示。第一步，每一个完整的设计都由各类元素按照整体规律而构成一个系统，在产品设计中细节元素主要有色彩、材质、体量、细节连接方式、空间划分、排版、肌理、形态、结构和工艺等，这一系列的设计元素不是单独存在的，而是互相之间有着不同的联系，相互作用着，也相互影响着。将这所有的局部细节联系综合在一起就能组成一个具有设计意义且功能完整的设计体。所以不能抛开整体看细节，更不能抛开细节只看整体。基于全局来分析各要素之间的关系，在整体设计过程中要明确把握整体问题，然后再将问题加以划分，这样就可以将一个复杂的问题分成多个子问题来解决。这种从整体来设计的思维方式，可以减少设计师盲目地、片面地、零散地、表面地、孤立地看待设计问题，也为实现设计目的奠定了基础。

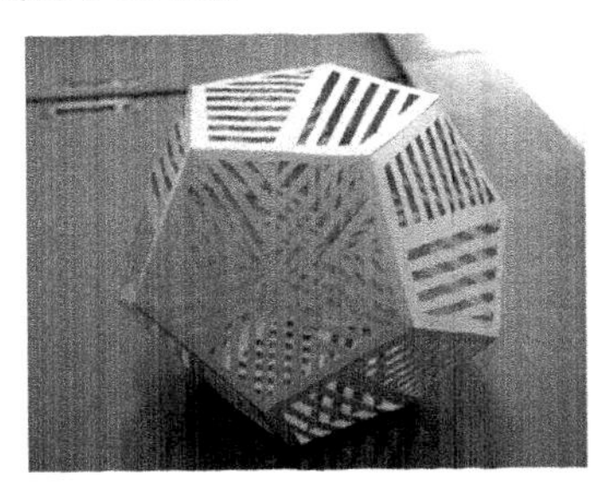

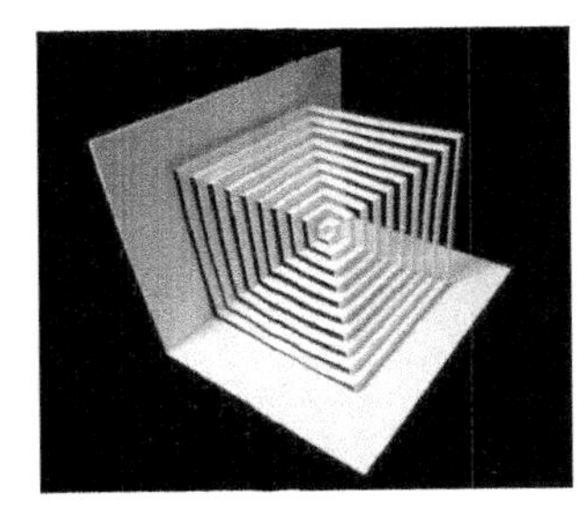

图 5-6　立体空间形象思维

第二步，以整体来作为设计目的的线索，产品设计作为一个多变量的系统，它有着多种要素，应该合理地进行全面的、整体的分析认识后，再细分单个元素，设计过程可以参考艺术设计素描的绘画手法总分总，简单来说就是总—分—总的路线，就好比说艺术设计中的素描，在起稿到上色的阶段，首先是把握整体写生形状，然后画出大色调，接着就是勾画处理细节，最后再调整整体色调使之看起来更符合美观性，空间形态设计同理也可以用到此类手法，也就可以理解为，首先把握整体设计目标，即设计的目的是什么，需要设计出什么样的空间形态？怎么解决设计问题？提出设计方案，筛选个性化元素，最终实现设计方案。基于系统思维之下，产品功能不仅会受到各类要素的影响，还会根据外部环境而不断地变化。所以设计师在一开始设计的时候，就需要将所有会对形态设计造成影响的元素全部考虑在内，并将其放入整个大系统中，这样才能从整体角度去解决细节问题，这样才能保证最终设计效果。

在从细节到整体的思考过程中可以采用反向思维法，也叫作求异思维，它是对司空见惯的似乎已成定论的事物或观点反过来思考的一种思维方式。敢于“反其道而思之”，让思维向对立面的方向发展，从问题的相反面深入地进行探索，树立新思想，创立新的空间立体形象。反向思维法在各个领域都有着广泛的运用，在设计上即为否定之再否定。当确定一个形态时，要敢于从反面论证这个方案是否可行，就如真理需反证，当从反面思考时，就会有一种新的体验，给形态带来更多不同的变化效果。

5.1.3 具有抽象功能的立体空间形态的设计

一个好的设计不仅要具有美感，还要具有情感，每一个空间立体形态的结构、大小、颜色、材质、纹理的不同就会有着不一样的性格。垂直线在空间中的情感性格是冷酷，又给人以稳定、向上、庄严的感觉，而水平线在空间中的情感性格是平和，给人以永恒、安静、平静的感觉。曲线在空间中的情感性格是温柔、热情、活泼，又给人以充实、饱满、优雅、轻快、跳跃、活力、韵律感强的感觉。相同地，垂直立方体也具有垂直线的性格，给人一种雄伟、崇高的感觉；水平立方体也具有水平线的性格，给人舒展、平缓的感觉。

如图 5-8 所示，立方体都包含了直线的性格，有稳固、敦实和沉稳的外貌。

如图 5-7 所示，棱锥体给人一种稳固、尖锐的感觉。

球体就如圆形一样，给人一种饱满、圆润和优美的感觉。

如图 5-9 所示，当立方体与球体甚至于锥体相互组合成一个新的立体形态时，这个立方体既具有立方体的性格，又具有倒锥体的性格而且也具备球体的性格，这样的立方体情感非常丰富，给人带来了很多联想空间。

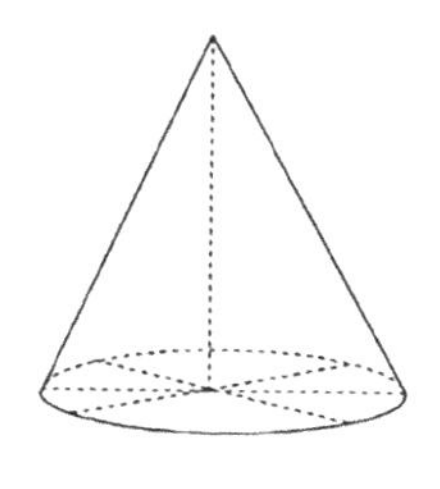

图 5-7 球体与锥体立体形态

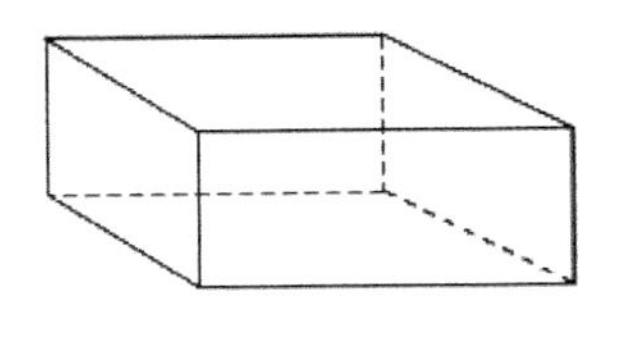

图 5-8　立方体

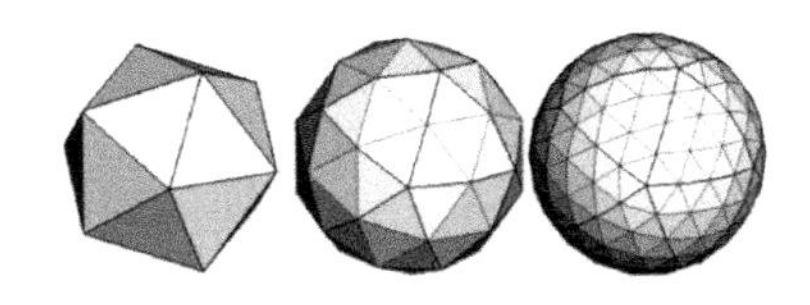

图 5-9　多面体形态演变

美是人们创造生活、改造世界的能动活动及其在现实中的实现或对象化。作为一个客观的对象，美是一个具体的感性存在，一方面体现着自然和社会发展的规律，另一方面又是人能动创造的结果。所以美是包含或体现社会生活的本质规律，并且能够引起人们特定情感反映的具体形象。美是一种内在的知觉，是一种感情。它只存在于人的知觉中，通过快乐的对象化而建立起来，与对象紧密联结着而产生愉快的情绪，它与对象的特征和结构不可分割，这些结构和特征所建立的知觉聚结成了对象的一种性质，就称为“美”。简言之，即在知觉中将客观事物产生的主观愉快的对象化，这就是“美”。然而评审工业产品设计得“美”或“不美”，必须认识该设计的形态构成、线形艺术、色质美感、布局方法、宜人性和面饰工艺等是否充分、完美地表现产品的功能特点。只有表现的形象完全符合功能要求、美学原则和科学原理，适应人与环境的要求，并给予大多数人以真正的“美感”，才是真正美的创意设计。此外，美的事物一般都符合自然规律的形式，如色彩、声音、形体等给人们以舒适的感受。各种形式的美感更是以是否符合自然形式的规律性（如均衡、比例、节奏、韵律、统一与变化等）作为美的衡量尺度。工业产品设计所应遵循的美学原则具体应为：

统一与特异，是形式美法则的集中与概括。统一让人有自律、整齐、有序、和谐的感觉，特异是刺激的源泉，通过变化能产生心理刺激而唤起兴趣，打破统一整齐中的单调，给形态带来更多的灵性。若没有特异单讲统一就会使人们心理反应缺乏刺激而产生呆滞，就会导致美感不能持久；但变化又要有节制，否则会造成形态的混乱，从而影响视觉疲劳。

节奏与韵律，节奏是客观事物的运动属性，是有规律、周期性的运动变化形式，而韵律也是一种周期性的律动作有组织地变化或有规律地重复，在造型设计中节奏与韵律主要通过线、形、色来体现的，其中主要形式有连续韵律、渐变韵律、交错韵律、起伏韵律和发射韵律等。

平衡与对称，这一项法则是来源于自然物体的属性，是保持物体外观量感均衡，达到形式上安定的一种法则。在进行形体设计的时候采用平衡造型的形式，可以使形体的两侧形成各种形式的对比，同时也要处理好虚实、大小和疏密等关系。

稳定与轻巧，稳定的含义是本身属性很稳定及视觉稳定。其中实际稳定是指实际物体重量的重心符合科学稳定的标准；视觉稳定则是指形体外观量感的重心，满足视觉上的稳定。形体的重心高就会显得轻巧，重心低就会显得十分稳定；形体的接触面积小也会显得轻巧，而接触面积大才会很稳定；体量感重心位置越接近放置水平面就越稳定；颜色明度低的色量感大，装饰时放在整体下面近底部的位置显得稳定，而放在上面会显得头重脚轻，颜色纯度也是如此。

对比与调和，对比是突出事物各种相互对立的因素，通过对比可以使形体的个性特征更突出、更明显；调和是在不同的事物中强调其共同因素来达到调和的目的。适当的调和可以使形体稳重、协调、安全，一旦过分调和而没有对比就会使形体变得呆板。所以在形体的设计中要注意形体方面的对比调和、色彩方面的对比调和、材质方面的对比调和，才能设计出具有符合大众审美的形体。

过渡与呼应，过渡是在两个不同形状、色彩的组合之间采取两者的中间“数位值”，这个“数位值”可以是颜色也可以是形象，以此来完善两个新体结合的不自然。呼应是指在单个或成套的造型中，各个组成部分中包含着另一部分相似或一样的某一个特征，如“形”“色”“质”，以取得各部分之间艺术效果的一致性，达到呼应的效果。

主从与重点，主体在整体造型中起着决定性的作用，客体起着烘托的作用，主从应互相衬托融为一体。

比拟与联想，比拟就是比喻和模拟，是事物之间的际遇，而联想是思维的延展，它是由一个事物的某种因素，通过对人大脑的刺激，产生了延续性的思维，人们对工业产品的审美通常会与一定事物的美好形象产生有关的联想，而联想的形式有：模仿自然形态的造型、概括自然形态的造型、抽象形态的造型等。

所以在组合立体基形是需要利用设计上的美学原理，如图 5-10 所示，以及一定的物理知识，才能将这个新的立体空间形态设计得符合自然规律以及大众的审美水平。

图 5-10　立体组合造型

5.2　形体与空间

5.2.1　形　体

体是由面旋转或面的移动轨迹所形成的，它是一个三维性、有深度且在空间中实际占有位置的实体。与平面的体有着很大区别，平面的体是通过光影而得到的一个视觉错觉的透视立体。三维立体可以在空间中从不同的角度观察到，同时也能被触觉感知到。

立体可分为线体、面体和块体三类。线体的空间性小，流动性强；面体具有连续的表面，与块体相比就显得比较单薄；块体比面体体量感更强，有一种敦实、稳定的感觉，且体积大。

1. 量感

量就是物理上的体积、数量、范围，而量感是这个空间形体的量在人们心中的感受，两者既有区别又有相似。例如相似之处在于两者物理上体积大的形体都比较稳固，心理上的“量感”也会对这种大体积的物体有一种敦实、强壮的感觉。而不同的是心理上的“量感”强调的是内心感受，与实际物理的“量”也有着很大区别。

由于不同的立体有不同量感，所以量感会根据人当时处的观察环境的光照、外部材质、色彩、比例甚至还有当时人物的观察心情有所变化。换言之就是每个立体都会给人以一种专属的、多元化的情绪感受。

2. 活力与美感

形又是指具有设计美感的静态或动态，形的美原则普遍具有以下特点：统一与特异、节奏与韵律、比例与尺度、平衡与对称、稳定与轻巧、对比与调和、过渡与呼应、主从与重点、比例与联想等。

由此可得出，形态其实就是一个具有设计美感且有真实体量感的空间实体。

5.2.2 空 间

老子曾曰：“三十辐共一毂，当其无，有车之用。埏埴以为器，当其无，有器之用。凿户牖以为室，当其无，有室之用。故有之以为利，无之以为用。”从宏观上讲，空间是无限的，宇宙空间是无边无际的。但从微观上讲，空间又是有限的，是每一个具体事物间的位置关系所形成的，因此空间是无限和有限的统一。

“空间”由“空”与“间”组成。“空”是指能够承载所有客观物质的一种虚无，而“间”有间隔、分开、连接、量的含义，所以空间的定义就是空间是不包括任何物体有特定界限的范围。它具有三维性，所谓三维性就是有深度、有体量，换句话说就是有长度、宽度和高度，如果空间没有了“间”的限制而单谈“空”，那么，空间就变成了无限空间，而视觉空间的形态也就不复存在了。

空间形态是通过了客观立体这个媒介然后从空间内部观察所得到的运动虚像，只有把整个空间形态观察完才能知道这个空间形态的完整样貌，如图 5-11 所示。空间形态构成的主要素包括限定条件、限定程度和限定形式三个方面，其中限定条件包括形状、数量、形态、大小，限定程度包括显露、通透、实在，限定形式包括天覆、地载、围合。

那么空间在基于物理、生理、心理下是时间与空间、客观与主观的和谐统一，且是由构成元素按照规律形成的一个整体的客观物象。

图 5-11　空间形态

5.3　造型材料与构造

5.3.1　造型材料的分类

材料从广义上讲是指人的思想意识之外的所有物质，而从狭义上讲是工业生产加工所使用的物质。材料的基本属性为：必须有恰当的性能，必须有加工和利用的可能性，必须用于满足人类生活需求，必须有某种经济性。

常见的造型材料有以下几类线材、板材、块材，再根据不同类别又可以进行如下细分：

1. 线材

从线材的表面效果可以分为反光线材、透明线材和普通线材。反光线材有不锈钢条、铜丝和钢丝等；透明线材有玻璃棒、透明塑料棒、亚克力棒和塑胶玻璃棒等。普通的线材品种各样、不计其数。按照这样的分类方式其目的就在于有助于造型在光照下的表达，如图 5-12 所示。

图 5-12　线材

从线材的物理性质来划分又可以分为金属线材和非金属线材，这样分的目的又在于在造型设计加工过程中能更好地利用材料的性能。

由于加工工艺的不同，所以从线材的韧性程度又可分为软质线材、硬质无韧性线材和硬质韧性线材等。

2. 板材

板材的分类与线材分类大部分相似，其中按照表面效果可分为高反光板材、透明板材、低反光板材、光滑表面板材和粗糙表面板材，如图 5-13 所示。

图 5-13　板材

根据板材的物理性质又可划分为金属板材和非金属板材。

同样由于加工工艺的不同特性，板材又可分为可切割板材，如木板、金属板等；可折叠板材，如纸板、金属板等；可塑性板材，如塑料板、树脂板、有机玻璃等；可编型板材，如纤维纸、网等材料。

3. 块材

块材的分类有三种：几何平面型块体、曲面型块体、自由面型块体和自由曲面型块体，如图 5-14 所示。

图 5-14　块材

5.3.2　线材、板材、块材的心理特征

线材是线形的、有长度感的，所以线材具有导向、连接空间的作用。线材给人的心理特征具体如下：

1）直线条：严肃、坚定、自律。

2）垂直线条：严谨、积极向上。

3）水平线：安稳、平缓、连贯。

4）斜线条：动感、方向性强。

5）折线条：曲折、有攻击性、尖锐。

6）曲线条：变化丰富、流畅、舒展、温柔、有韧性、连续。

板材是面型的，有宽度的，所以板材具有延展、连接的感觉，又有分隔空间、限定空间的作用。板材给人的心理特征如下：

1）规则面。方形给人稳定、规则的感觉，圆形给人温暖、圆润舒适的感觉，三角形给人尖锐、锋利、稳固的感觉，水平面给人安稳、平静的感觉，倾斜面给人热情、动感的心理特征。

2）不规则面。给人随性、随意、潇洒的感觉。

块材是有长宽、有高深、有体积的块体。块材给人的心理特征如下：

1）几何平面块材。如立方体、锥体等，都给人一种庄重、沉稳、牢固的感觉。

2）几何曲面块材。如球体、环形体、柱体，给人一种自律、规则、明快、优雅的感觉。

3）自由曲面块材。这一类块材大多数都是对称的，所以它们具有庄重、优雅、活泼的性格。

5.3.3　力的方向与施力方法

1. 应力

应力的定义就是指物体在受到外力且不发生位移时立体受到能使本身变形的力时内部释放抵抗变形的力，且应力会根据外力的增加而变大，每个物体的应力都是有界限的，当超过这个限制，物体就会被外力所破坏。应力又可分为以下几种：同截面垂直的称为正应力或法向应力，同截面相切的称为剪应力。

有些材料在工作时，其所受的外力不随时间而变化，这时其内部的应力大小不变，称为静应力；还有一些材料，所受的外力随时间而周期性地变化，内部的应力也会随着时间而周期性变化，所以这个应力就是交变应力。

2. 荷重

由于应力的施力角度不同所发生的应力就不同，所以荷重有以下几种情况：

集中荷重：施力的都集中在同一个点上，如推、拉力，都是同一个施力方向、同一个应力点。

等分荷重：是指相同的荷重平分在这个物体上的各点，如水平放置装满水的鱼缸底面所受的力。

等变分布荷重：是指物体从下到上受到按等比例增长的压力，如游泳池侧壁所受到的荷重。

移动荷重：简单来说，移动荷重就是指物体在运动时的荷重，如坦克行驶时受到的荷重。

根据施力过程荷重又可以分为：

静荷重：物体所受的荷重不随时间或空间而变化。

动荷重：动荷重又可分为反复荷重、交替荷重与冲击荷重。

反复荷重：是变量荷重，可以增加或减少所受荷重，好比搬东西可轻可重。

交替荷重：一方面是指荷重变量，另一方面是指荷重方向的反向。

冲击荷重：就是指在短时间内突然受到的施力，如人在走路时突然被敲了一下肩膀。

5.3.4　造型材料的结合方式

根据工程的结合方式可分为滑接、刚接和铰接。

1. 滑接

滑接指材料的堆砌，如生活中的石、砖和木材。这种方式结合的立体应力小，往往不能受到过大的外界压力，如图 5-15 所示。

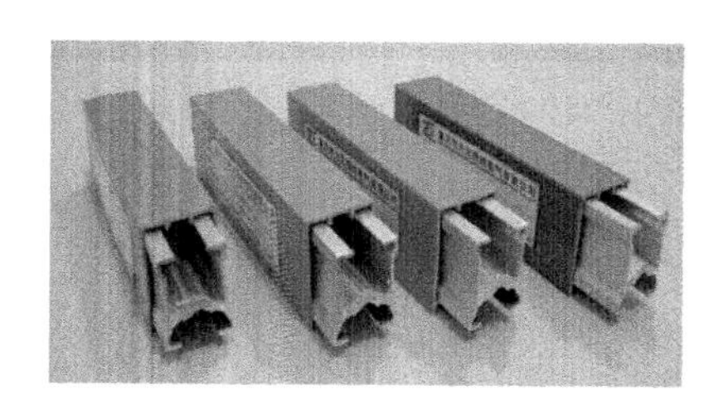

图 5-15　滑接

2. 刚接

刚接是指将两种材料完全连接起来变成一种材料，如一些硬质塑料的黏结、钢筋之间的焊接、混凝土的浇筑等。这种方式结合的立体应力大，可以承受很大的外力，甚至还可以抵御左右方向的外力，如图 5-16 所示。

图 5-16　刚接

3. 铰接

铰接是滑接与刚接之间存在的连接方式，如木材的榫卯、门窗的螺栓连接都属于铰接，如图 5-17 所示。

图 5-17　铰接

根据造型材料的三种类别，各类型材料都又有着不同的结合方式，具体如下：

1. 线材

硬质线材：

1）单线结合构造方式。只用一根线材所构成的造型，通常就是利用一根连续的硬质线材加工结合，最后通过曲直、动势、长短的形态呈现出来。这样的线材具有流动感和变化有序的个性特点，如电线外皮、钢丝等。

2）框架结合构造方式。用同样粗细的基础线材通过焊接、榫卯、螺钉扣接、黏结等方式结合成框架的基形，再以这个框架为媒介与空间结合。框架结合构造的形式普遍为重复、渐变发射和自由组合等。其中基本形态有常见的基础形，如正方形、长方形、圆形和三角形等。

3）堆垒结合构造方式。将硬质材料进行堆垒、插接、黏结，并运用设计美学原理最后构成一个新的造型。堆垒构造常用的线材有不锈钢钢管、玻璃棒、塑料管和木柱等。常见的结合方式有：线的并列组合、发散、聚集组合、交叉组合等。在进行堆垒结合的时候特别要注意重心，通过粗细、聚散来营造虚实的节奏与韵律。

软质线材：

1）线群结合构造方式。利用软线按照框架的顺序在框架上进行组合排列。将二维框架利用软线的连接就可以获得三维立体效果。线群的结合方式主要为并列、交错和发散等，利用线材的粗细、长短以及线材排列地紧密与角度穿插，形成一个层次丰富、立体感十足的关系。

2）编结结合构造方式。编结是将线材进行编织、结扣等工艺手段所构成的线材造型，如毛线、棉线和尼龙线等。编结方法主要就是以生活中的素材为原型，再利用线材编制而成。这样的造型体寓意丰富、生动有趣。

2. 板材

直面结合式：

1）层面排列。用若干直面进行排列而形成的立体形态。简单来说，就是利用无数个相同或能连接的片状重叠组合的一个立体形态。结合方式可以是平行、交错、发射、向心、旋转、垂直、弯曲的，层面的变化有重复、近似和渐变等。

2）切割折叠。在纸面上沿折叠线剪出凸起和凹陷，形似浮雕，造成一种视觉的立体感。切割折叠的材料一般以纸为主，其他板材运用得相对较少。

穿插结合式：板材的穿插结合方式就是将板面裁出空隙，然后互相穿插连接。互相穿插的两者可以是相同的板材也可以是不同的板材，可以是直面板材也可以是曲面板材，且互相穿插两块板材的接缝长度要相等。进行多个板材的互相穿插后就可以创造各种不同的立体形态。

曲面结合式：

1）带状构造型。由于板材过长而形成了带状，这样形状的板材既有线材的优美弧度，又有板材的特征，看起来给人一种很美、很舒服的感觉。带状板材造型可以是封闭的也可以是非封闭的，可以是连续的也可以是不连续的。带状结合方式给人一种张弛有度、游刃有余的感觉。

2）切割反转式。将板材中间切开再进行反转加工后得到的立体造型。通常使用到的板材有薄塑料板、铜版纸。其特点就是连续不断、生动美观。

3. 块材

1）块材分割式。就是将一个整体的块材分割后有一些新形态。

2）块材组合式。将不同的块体进行堆积、并列、重复或变异排列组合起来就可以得到一些不同的形体，如图 5-18 所示。

图 5-18　块材组合式

5.3.5　线材强度

线材根据韧性可以分为软质线材、硬质无韧性线材和硬质韧性线材。其中软质线材（如线、皮筋、尼龙丝等）韧性大强度小，承受压力的能力小，不具备支撑作用，所以需要通过焊接、黏结与硬的板材或块材结合使用。

硬质无韧性线材有玻璃棒、硬塑料棒等。其中玻璃纤维如用漏板法拉制，直径 10μm 的强度为 1700MPa，而用棒法拉制相同直径的玻璃纤维强度仅为 1100MPa。塑料则以 PC 材料为代表，其弯曲模量有 2400MPa，如表 5-1 所示。

表 5-1　不同条件下的强度差别

表面情况	强度/MPa
工厂刚制得	45.5
受沙子严重冲刷后	14.0
用酸腐蚀除去表面缺陷后	1750

硬质韧性线材中包括各种金属线、竹、木、藤条和弹性塑料线材等。这种材料有较强的可塑性，如图 5-19 所示。

图 5-19　硬质韧性线材

5.4 块　材

5.4.1　块材的基本形体及其推移

块材是生活中最常见的实体型材之一，小到手机充电器，大到建筑，块材在生活中得到了广泛使用。块材具有便捷性，如要堆砌一个立体形态，使用块材远比使用板材速度快，且更稳固。由于块材本身就是一种空间立体，有深度又有体量感，所以使用块材就很容易表达出一个立体空间。

块材在自然界中可以划分为几何平面型块体、曲面型块体、自由面型块体和自由曲面型块体。几何平面型块体的基本形体为正方体、长方体、棱锥体和多面体等，如金字塔就是以棱锥体为基本形态利用块材的堆垒法累积而成的。

自由面型块体的基本形体有球体、圆柱体、圆台和同心圆环体等。

自由曲面型块体没有固定的基本形体，都是由面旋转，而这类型体大都具有对称性。

有了大概的基本形体之后，就需要运用设计手法，遵循美学原理将基础形体变形，直到最终形成自己需要的形体。设计美学原理有统一与变化、对称与平衡、比例与尺度、对比与协调、节奏与韵律。

整体要遵循统一的原则，所设计的形体要与基础点、线、面之间有内在联系，但也要有变化，美感不只是整齐无变化，而是要在整齐、有序里又有一些不超脱大体范围的动态变化。

块材的推移是指在原有的块材基础上做加法或减法。加法好比是在做重复累积运动，将相同的或近似的基本块材通过位置的变化和连接方式组成一个新的空间形态，如图5-20所示。

块材的加法也可以是不同基础形态的组合，其推移组合方式比较自由，对比效果明显，在美学原理协调与统一的前提下，还应该考虑造型的材质、色彩和纹理等。

图5-20　块材推移

块材的减法是指，首先选中一个基础块材，然后从外部向内部加工，就好比雕塑，刨掉不需要的部分最后留下一个理想的外形。这也是块材推移变形的一种主要形式。如图 5-21 所示，这尊小雕塑就是由最初的圆柱块材雕刻而成的。

图 5-21　块材的减法

5.4.2　块材集合造型

块是面的移动轨迹，面是线的平移轨迹，所以在利用块材进行造型时，可以结合板材和线材一起组合造型。

块材主要构成的基本形式是分割和垒积，在生活中可见的建筑、公共艺术雕塑等都是将两种形式结合起来，从而达到一种虚实有力的感觉。这样有“增”有“减”的块材造型往往都是节奏对比分明、虚实对比分明、形态对比分明，所以就会给人一种张弛有度的感觉。

由于块材本身就已具有很强的体量感，所以块材的集合造型必须要注意整个造型的重心位置，根据美学原理中对比与协调的法则，还应该注意整个块材集合造型的材质、形状、肌理、方向和色彩等差异性因素。

上文所提到的“减法”就是对整个块材进行多种形式、方向的分割，最终得到理想效果，最主要的手法就是切、挖；而“加法”是将众多个一样或相似的基础块材聚集、堆垒起来组成的一个集合造型，如图 5-22 所示。

图 5-22　聚集堆垒

块材的组合形式有秩序性组合、直线形组合、螺旋形组合和梯形组合，如图 5-23 所示。

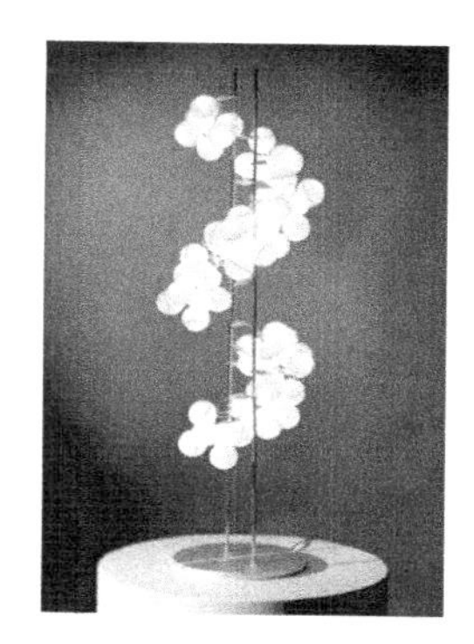

图 5-23　秩序性组合和螺旋形组合

5.4.3　块体的展开

《朱子语类》曾提到："欲致其知者，须先存得此心。此心既存，却看这箇道理是如何，又推之于身，又推之于物，只管一层展开一层，又见得许多道理。"所以展开的含义指张开、发展、伸展或是大规模地进行。

在设计学、工程学领域上的展开是指将立体的内部组成形态及组合方式的剖析展现出来。

块体的基本形体有正立方体、正六面体、正八面体、正十二面体、正四面体、正二十面体等，如图 5-24 所示。

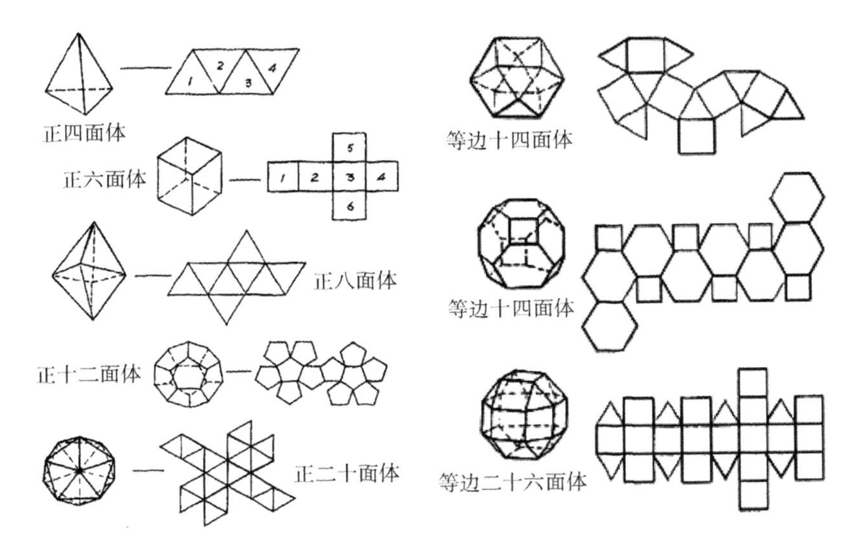

图 5-24　立方体展开图

5.4.4　块体的分割造型

块体的分割造型是指把一个完整的块体按切割方法将其分开，然后再重新组合成一个新的形体，其实就好比艺术设计领域中的解构和组合，将完整的东西打散后，按照规律再重新组合成一个不一样的全新的物品；也好比七巧板有很多种不同的办法组合成一个新的正方形。

立方体的分割方式有水平切割、垂直切割、倾斜切割、曲线切割、曲直综合切割、等分切割六种，如图 5-25 所示。

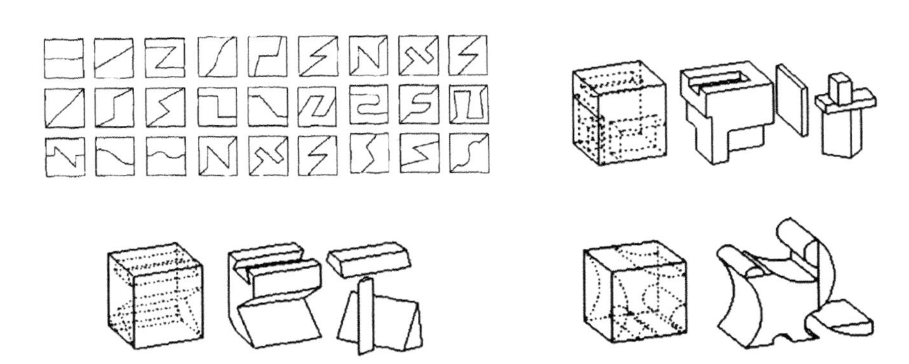

图 5-25　立方体切割方式

1. 水平切割

利用直线水平切割法创造出的形态，一般这种切割法通常会给人一种简洁明了、平静的感觉。但是水平切割是利用直线切割的，所以不免也会给人带来一种单调的感觉。

2. 垂直切割

垂直切割与水平切割相似，会给人带来一种宏伟、严肃、冷酷的感觉。

3. 倾斜切割

利用直角或非直角的倾斜切割法，会使切割后的形体变化丰富且具有刚劲、简洁的感觉，打破了立方体的单调，加入了动感的元素，也具有美观性。

4. 曲线切割

利用曲线对形体进行切割，这样切割出来的形体由于本身就吸取了曲线的优美、饱满和动感的特点，但是由于曲线的丰富而导致了没有动静对比，所以进行曲线切割的时候需要利用各种弧度相结合的曲线切割，做到有对比。

5. 曲直综合切割

在立方体上选用曲直综合切割会出现直面与曲面两种风格的面型，由于曲线本身就富有动态感，所以这样切割出来的造型都比较生动活泼。但是又可能因为变化过于丰富，而导致整体形态很不容易实现统一，所以在切割的时候需要多加注意。

6. 等分切割

等分切割顾名思义就是把立方体等分切割，这样被切割的立体给人一种有序的感觉，但是在有序中又缺少变化。

5.4.5 块材形体的过渡区域

过渡区域就是连接在立方体和立方体之间的区域，也被称为渐消体或渐消面。这个过渡区域的作用就是减少两个立体在结合过渡时的不自然，使结合后的两个立体看起来自然且符合审美。例如圆柱与一个曲线立体相交就需要过渡这个圆柱与曲线立体的相交面。再例如当两个垂直的圆筒交叉时也需要这样的一个过渡区域去完善立体相贯线，从而使这个十字交叉筒更完美。

这个过渡区域在立体局部也可以使用，但是其根本目的还是为了使整个立体看起来更自然、更美观。一个完整的物体设计需要做到细节也很完美，否则就不符合大众的审美了。

5.4.6 有机形体造型

达达派艺术家让·阿尔普认为立体主义给人的启示是，人们可以靠着大脑自由、存粹地依赖于偶然和机遇。他曾说过："机遇对我来说只是深不可测的理性存在的有限部分，是在整体上难以达到秩序的有限部分。"

有机形体也被称为生物形态，它的特点就是在空间这个三维里随意发生，就好比说它不受数学领域上坐标轴的影响，点的坐标有时是(x，y)有时又是（x，z）。有机形体不受空间维度影响，是可以随意地在三个方向任意发展的形体。

有机形体可以说是多种基础形态构成的，自由度相当高，在无序中仍然透露着有序。

在空间中的立体形体往往不是具象地表示一个物体的样貌，而是通过将这个外物的人文细节提取出来，放大或缩小这样的细节，使之更具有自然趣味和象征意味。如图 5-26 所示，作者阿尔普运用抽象形式表现了天体的运转，象征着自然界循环变化的深奥莫测。图 5-27 所示为抽象化的女性躯干，特别地夸大了女性特征，给人们留下了无限的遐想。

图 5-26　放大缩小细节

图 5-27　抽象化的女性躯干

5.4.7　块状的综合造型

块状的综合造型就是基于对基础形体的理解、对美学原理应用于立体空间的，就好比说是一个对所有立体空间形态知识的总称，强调立体的整体的结构性、美观性、统一性。例如榫卯结构中单独把榫拿出来或者单独把卯拿出来这个结构都不能使用，且不美观，但是当两个组合在一起的时候，不仅很牢固，又很美观，如图 5-28 所示。

图 5-28　组合形态

5.5　线材造型

线材承受拉应力时其强度高，而承受弯曲和压缩应力时其强度低，承受拉应力时，不论材料长或是短，只要直径大小相同，其强度大体一样。线材若承受弯曲或压缩应力时，材料长度和直径大小都将影响其强度，与相同重量的块材相比，线材可以创造出容积较大的构造物。

5.5.1 线材排列造型

线材排列造型是指两根相同的线材之间有什么排列或组合的方式。在艺术设计的基础下，设计师应该首先遵循是由构思联想，然后在进入绘制草图的阶段，在最开始我们应该拓展想象空间做一个头脑风暴去联想这两根线材之间应该如何排列组合，然后就将方案总结如下：首尾部分相接且平行、全部相接且平行、头与另一个根中部相接成锐角且不平行、尾部与另一根中部相接且不平行、两根尾部部分相接且平行等。在纸上画出思维发散图及设计草图之后再选择一个适合符合审美要求的方案，最后将这个方案实施出来。

如果长期遇到设计问题及方案都按照线材排列方法来实施，之后的设计将会进行的很顺利。

5.5.2 剪切造型

线的剪切构造形式是以线材为表现元素，营造空间的体量感。线条造型，无论是曲线还是直线，都具有独特的韵律美，线材决定了形体的方向性，而且可以把形象轻量化完美地呈现出来，不同的线性结合，可以构成千变万化的空间线形态。线材的剪切造型打断了连续线条的延伸感，使原有的规律中止，这样的造型既有线条本身具有的节奏感，又有剪切造型的独特魅力，如图 5-29 所示。

图 5-29　线材剪切造型

5.5.3　桁架造型

在线材造型中，以铰接的结合方法，把不容易变形并且具有一定长度的线材组合成三角形，就能建立起重量很轻但坚固程度又很高的构造物，这种构造物被称为桁架。桁架的基础单元结构一般是三角形，若以三角形为基础发展成正四面体基础框架，四面体框架就是立体桁架造型的基本单位。桁架造型的优点是杆件主要承受拉力或压力，在跨度较大时可比实腹梁结构节省材料，桁架其实是对实腹结构中性区的掏空和改进，使其减轻自重的同时增大刚度，从而能充分利用材料的强度。桁架结构承受外荷载的能力较强，大多用于大跨度建筑结构、桥梁等大型且强度需求大的结构。

按照不同的特征，可将桁架分为以下几种类型：

1. 根据桁架的外形分类

1）平行弦桁架。平行弦桁架弦杆高度相等但内力受力是不均匀的，弦杆内力两端小，向中间过渡逐渐增大，而腹杆内力由两端向中间逐渐减小。平行弦桁架便于布置双层结构，它的优点是利于标准化生产，杆件的制作是规则化的，节点的构造也比较统一，但由于杆力分布不均匀，平行弦桁架不适用于杆件内力相差悬殊的结构，如图 5-30 所示。

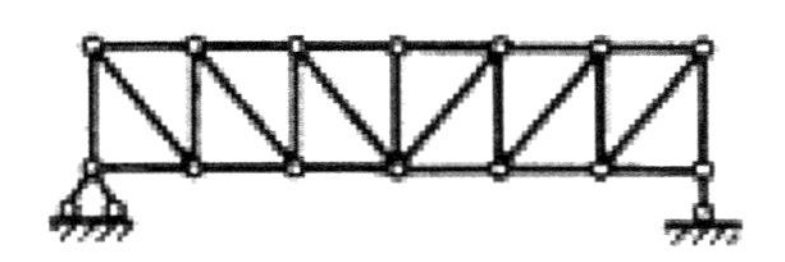

图 5-30　平行弦桁架的基本结构

2）折弦桁架。折弦桁架结构的内力分布大致是均匀的，因此从力学角度来看，它是最理想的桁架结构，如抛物线形桁架梁，外形同均布荷载下简支梁的弯矩图，杆力分布均匀，材料使用经济，构造较复杂。因为力学性能较好，所以折弦桁架常用于规模比较大的跨越式桥梁或建筑，如图 5-31 所示。

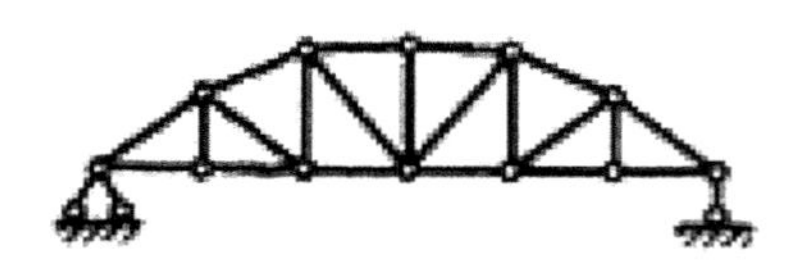

图 5-31　折弦桁架的基本结构

3）三角形桁架。三角形桁架结构的内力分布更不均匀，与平行弦桁架相反，弦杆的内力分布由中间向两端逐渐增大，腹杆的内力分布则由中间向两端逐渐减小。三角形桁架由于弦杆内力差别较大，构造布置困难，但斜面符合屋顶排水需要，因此多用于瓦屋房的房顶屋架，如图 5-32 所示。

图 5-32　三角形桁架的基本结构

4）梯形桁架。梯形桁架弦杆高度变化介于平行弦桁架与三角形桁架之间，因此其弦杆所受内力分布也介于上述两种桁架之间。梯形桁架可根据防水层的构造分为缓坡梯形桁架和陡坡梯形桁架，缓坡梯形桁架一般用于防水卷材屋面，陡坡梯形桁架更适合屋面板结构的自防水屋面，如图 5-33 所示。

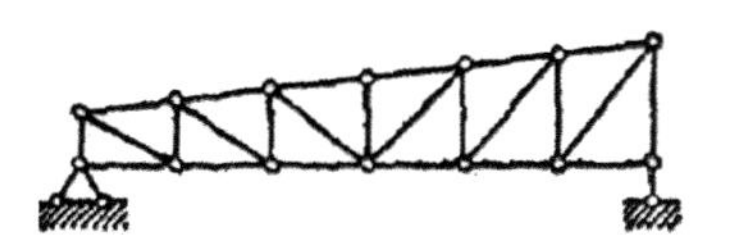

图 5-33　梯形桁架的基本结构

2. 按所受水平推力分类

1）无推力梁式桁架。与相应的实梁结构相比，空心率大，上下弦杆抗弯，腹杆主要抗剪，受力合理，用材比较经济。

2）有推力拱形桁架。拱圈与拱圈上部结构为一体，整体性好，施工方便，跨越能力强，节省钢材。桁架中的大多数构件仅承受轴向张力和压力。应力均匀分布在横截面上。桁架的应力主要是节点应力。一般来说，单个构件是弯曲的，即构件的中间不承受载荷。如果构件弯曲，将会有额外的弯矩，则有必要重新检查弯曲构件。

3. 按照使用方式分类

1）固定桁架。是桁架中最坚固的一种，因为没有活动件，并且可重复利用性高，唯一缺点就是运输成本较高。固定桁架可分为方管和圆管两种。

2）折叠桁架。最大的优点就是运输成本低，比较节省空间，与固定桁架相比，可重复利用性稍逊。折叠桁架同样分为方管和圆管两种。

3）蝴蝶桁架。如图 5-34 所示，这是桁架结构中最具有艺术性的一种，造型奇特，外形优美，具有一定的观赏性。牢固性介于折叠桁架与固定桁架之间。

图 5-34　蝴蝶桁架单元结构

4）球节桁架。如图 5-35 所示，球节桁架又叫作球节架，造型优美，坚固性好，球节桁架是可以拆卸再组装的，既节省空间又具有较好的牢固性，因此也是桁架中造价最高的一种设备。

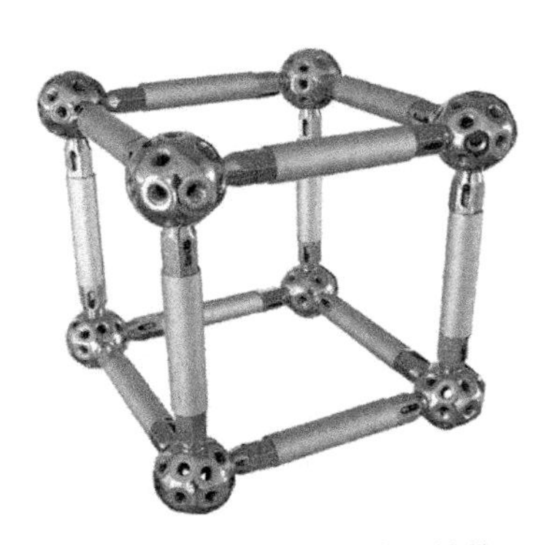

图 5-35　球节桁架单元结构

法国巴黎在 1900 年建的德比利行人桥，如图 5-36，横跨塞纳河，总长 125m，宽 8m，主跨 75m。巴黎德比利行人桥是一座典型的折弦桁架结构桥，它的桥型属于中承式桥（指桥面布置在承重结构高度中间或一部分桥面布置在承重结构之上，另一部分桥面布置在承重结构之下的桥梁），材质是钢，主体上是采用固定桁架结构。折弦桁架结构杆力分布均匀，适用于跨度大的桥梁建筑。

图 5-36　巴黎德比利行人桥

5.5.4　线材堆积造型

线材的堆积可以构建网状的结构，以三根及三根以上的线材为单位，不断堆积，构成结构坚固而包容面积大的造型。由于线材堆积造型是靠重力和接触面间的摩擦力来维持形体，所以不能制作任意的形态。构型时，应注意材料间摩擦力的大小和重心的位置。大自然中的鸟巢就是利用线材的堆积形成的结构，单独的树枝承受压力和拉伸力的能力很弱，但线材堆积起来形成的结构抗压和抗拉能力都有质的改变。线材堆积造型常用于建筑物的外观或部分结构，通常直接裸露在表面，体现强烈的工业感。

工业设计中线材堆积造型有三种基本形式，如图 5-37 所示。

图 5-37　线材堆积三种基本形式

不同的基本形式有规律地堆积形成的造型也不同，单位中所包含的线材数量越少，堆积造型外观的弧度便越大，换句话说，就是包容量越小，反之则更大。以三根线材为单位堆积形成的造型比以四根线材为单位形成的造型更早地向内收缩，如图 5-38 和图 5-39 所示。

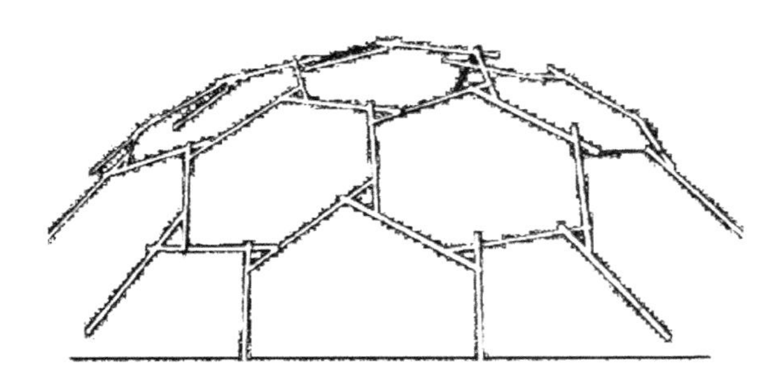

图 5-38　三根线材为单位堆积造型

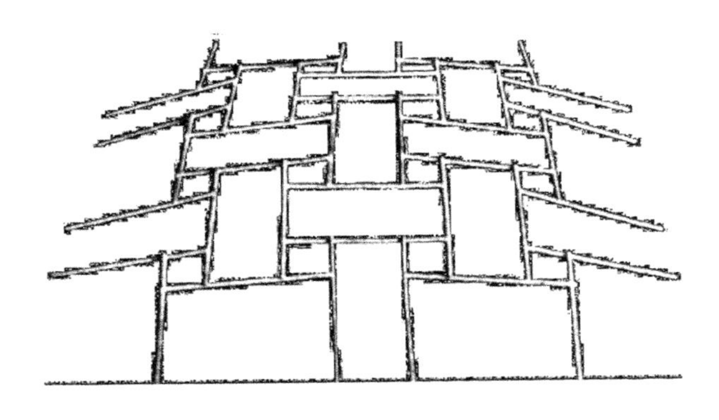

图 5-39　四根线材为单位堆积造型

5.5.5　线材弯曲造型

线材的弯曲造型一般具有优雅柔美的性格特征，一般家居用品的设计中使用，能够使空间柔和温馨。设计线材的弯曲造型时有以下要求：

1）运用一根线材（如钢丝材料）进行连续的空间转换，尽量不要切成两段。弯曲线材本身的特点是随意的、松散的，多根线材弯曲所建立的空间会有杂乱无章的视觉感受，用一根线材做弯曲造型，这样有利于构成一个单纯化的空间形态和恰到好处地表现每一个空间转折。

2）每一个空间转折都必须明确地表达意义，而不是随意处理，如是直角弯折，还是圆弧弯曲，弯曲幅度多大等都应该明确，每个造型都要有其特定的尺寸和角度，这是设计过程中的基本要求。设计者要完全理解线材弯曲造型的语义，并能对其造型性质做出准确的分析。

3）线材弯曲造型虽不要求表现对象的外形细部，但必须尽量表现某种感觉或韵律，以培养概括形象和感觉形态的能力。线材造型一般具有很强的韵律感，若要求设计一种有规律、有条理的需要严谨或庄严表现力的产品，可以用统一弯曲角度的线材来造型。

图 5-40 所示为线材立体构成，整个造型是用一根线材（钢丝）构成的，所表现的是一个舞动彩带的人，线材的连续性把彩带的飘逸和舞者流畅的舞姿表达得淋漓尽致，整个造型富有生命力，比例也很统一协调，带给观赏者充满活力的感觉。

图 5-40　线材立体构成

5.6　板材造型

板材所表现的形态特征具有扩延感和平薄的特点。在现实生活中，很多空间立体造型结构都具有面材构成的特点，如建筑物是以各种建筑材料构筑起来的屏障，这就是墙面，再将墙面组合起来形成包围的立体空间，就构成了建筑的立体造型。例如，家中的家具就是以木板等材料，组装起来的中空立体。其他，如包装盒以及各种容器的立体造型，都是以不同的材料制造出来的薄壳立体。可以联想到自然界中类似这样结构形式的蛋壳、贝壳等，设计师根据这些自然界的生物原理设计出许多既符合科学规律又造型美观的产品。

5.6.1　板材组合造型

不同板材之间的色彩和纹理没有主次之分，平的两端是相连的。如果板块主从位置清晰，封闭关系清晰，主板块边缘清晰延伸，主板块坚实，次板块与主板块相交的边缘是隐藏的，组合结果将生动地展示皮肤纹理关系或皮肤与内涵之间的剥离关系。具有装饰性或一定模数关系的板材以悬挂或附接的形式附接到主墙板的外部，悬挂板和连接板通过杆件与主壁板不可见地连接，两者之间的距离可作为再生空间、生态空间和灰空间的关键墙板，向内延伸并正交或斜向嵌入建筑体内。它可以分隔建筑砌块，提高立面的比例，并加强其平直度和方向感。能有效打破立面的单调和僵硬。屋顶板是加强造型艺术的另一种表现形式。

5.6.2 板材粘接造型

板材的粘接造型是比较常见的，根据不同的功能，使用不同的方式粘接，形成多种基础造型，这种造型方式多用于不同材质或相同材质不同部件之间的连接，粘接造型的优点是省去了连接部件，使产品整体造型一体化，加强美观性；缺点是只适用于固定的连接件，且牢固程度较差，承受拉应力和压应力的能力都很弱，不适合机械产品等强度要求大的产品造型。

图 5-41 以三个板材的粘接为例，列出七种造型方式。

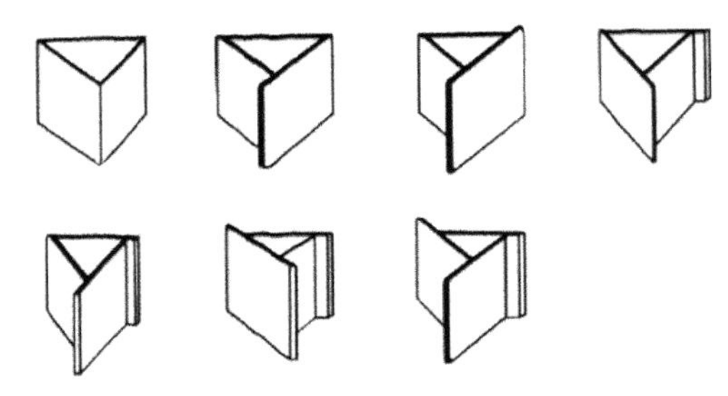

图 5-41 三个板材造型方式

板材三角形组合造型的发展如图 5-42 所示。

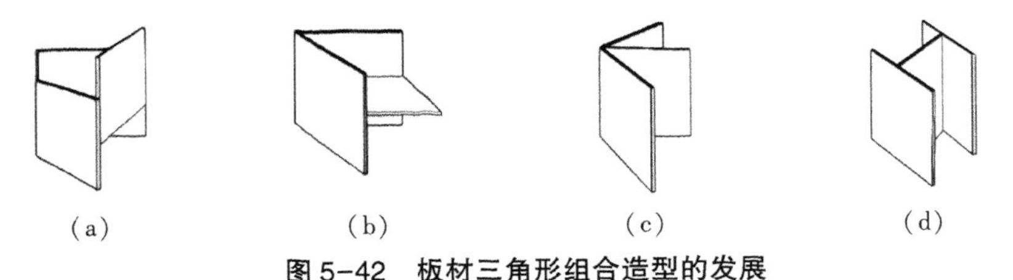

图 5-42 板材三角形组合造型的发展

5.6.3 板材弯曲造型

板材弯曲造型如图 5-43 所示，在产品造型设计中出现的概率相对较小，弯曲之后板材的物理性能会有所改变，抗压能力以及抗拉能力都相应地减小，但抗弯能力是增大的，因此板材弯曲造型通常用于需要承受较大折弯力的产品造型设计。弯曲的板材造型比起其他有明显棱角的板材造型整体线条是柔和的，在家居设计的装饰品中可能会用到，起到柔化四方四正的墙壁带来的呆板的感觉。

图 5-43　板材弯曲造型

5.6.4　活动板造型

活动板材造型是由平面板材切割一部分，作为整体造型支撑的构件，剩下的部分实现主要功能（一般以展示板为主）。板材的这种造型一般可以节省空间，产品的特点是可以折叠收纳，省去了连接构件，在日常使用的生活用品和文具用品中比较常见，不过这种造型不适合承重能力强的产品，因为切割破坏了材料的完整性，所受应力不均匀，抗拉应力能力急剧减小，很容易被破坏，如图 5-44 所示。

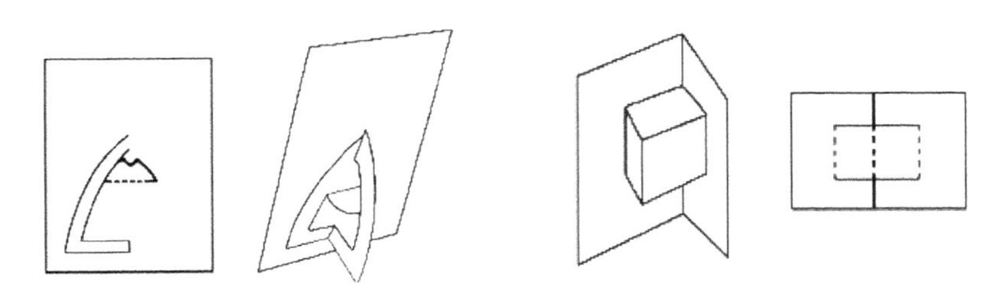

图 5-44　活动板材造型

5.7　材料肌理

在产品造型设计过程中，要注意选用适当的材料和肌理，来增强外观形态的实用与审美特性，质感和肌理也是一种艺术表现形式，通过选用合适的造型材料来增强理性和感性认识成分，增强人机之间的亲近感，使产品更具有人性。材料的肌理是材料性格特点的直观反映，是产品给人的第一印象，选择合适的肌理会给产品的视觉体验加分。因此，在设计的时候，要把材料肌理作为重要的一个环节来考虑。

5.7.1 视觉肌理与触觉肌理

视觉肌理主要是指通过视觉感知来判断物体的表面和表面纹理是否透明，而触觉肌理主要是指触觉感知的特征，包括物体表面的光滑度和粗糙度、光滑度或凹凸度、硬度或柔软度，以及在压力下是否有弹性。这两种肌理在不同的设计形式中有不同的位置。例如，视觉肌理在平面设计中所占的比例相对较大，因为这样的作品通常不依赖触摸来传达信息。不过，随着科技的不断进步，触觉肌理逐渐被引入一些平面设计作品中。在一些产品设计作品中，触觉肌理占有很大比例。一般来说，产品需要有一个使用过程，在这个过程中，用户和产品之间或多或少会有接触。在触摸的过程中，触觉肌理起着一定的作用。一系列触觉体验，如光滑或涩、冷或暖、硬或软，将传递给用户，形成产品整体印象的重要部分之一。

在许多的设计作品中，肌理的存在很多的时候是依附于材料的，这种通过肌理所表现出来的色彩和形体是其他形式所无法代替的。木材的年轮是大自然的鬼斧神工，从没有重复的年轮肌理，是现代合成板材永远都达不到的。

5.7.2 触觉肌理的创造

对于肌理表面的感受差异处理是触觉肌理设计的主要手段，触觉肌理的类型有很多种，每种都表示不同的质感，表达着不同的性格特征，在肌理材料的加工制作上，主要有以下几种方法：

1. 折叠式

折叠式主要用于面材的加工。在一张平面薄材上，不经过切割，而是通过折曲或反复折曲形成瓦楞状，使平面产生凹凸不平有规律的触感。时尚、随意是这类肌理表达的语义，因此瓦楞状的肌理一般用于家居或产品设计，机械产品一般不会使用这种肌理，如图 5-45 所示。

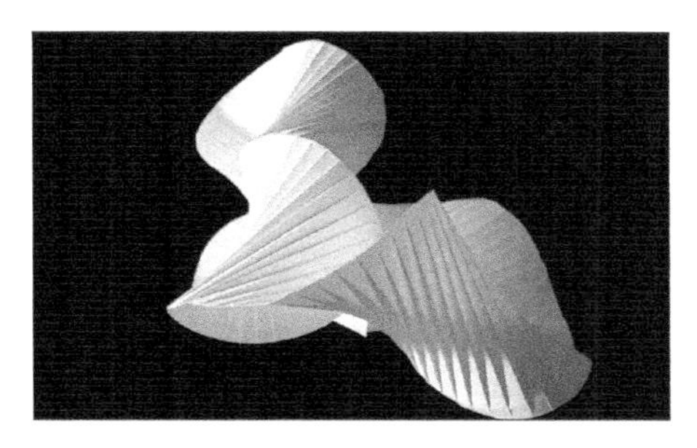

图 5-45　折叠式

2. 堆积式

截积式是指大多用于小的颗粒状的或细线的局部面积堆积。小的颗粒可运用几何形与非几何形，一颗小的纽扣，一粒小的彩色药丸、一粒白石子，都能以一定的数量堆积在一起，形成面积，构成势态，从而产生视觉上和触觉上的心理感受。石子路、风景、茶几等都是使用这种方式制作的，如图 5-46 所示。

图 5-46　石子路

3. 雕琢式

在木材上雕出花纹，在石纹上琢出纹理，是一种很古老的工艺技术。随着科学技术的发展，雕琢的手法越来越多，雕琢的工艺也越来越先进。现在的微型雕刻机与计算机相配合，使雕刻的效果达到鬼斧神工的程度。无论是刻出纹样来，还是压出纹样来，无论是镂空还是面雕，都是从物质表面的视觉出发的，可以有效地改变物质的本来属性，而刻意地体现出人为的痕迹来。雕琢式形成的肌理多用于古典式的产品，或者追求复古风格的设计，如图 5-47 所示。

图 5-47　雕琢式

4. 镶嵌式

镶嵌是一种材料的组合方式，其最大的效果是对比的视觉差异。镶嵌可以有材质上的考虑，色泽上的考虑，造型上的考虑。将线状的形与点状的形镶嵌在一起，一定是能彼此之间显得更清楚一些；将贵重的物质镶嵌在一般的物质上，会提升整个形态的价值；将透明和半透明的形镶嵌在一起，将明显增加画面的视觉层，图 5-48 所示为镶嵌式玻璃，光滑的玻璃与粗糙的玻璃镶嵌，主次分明。

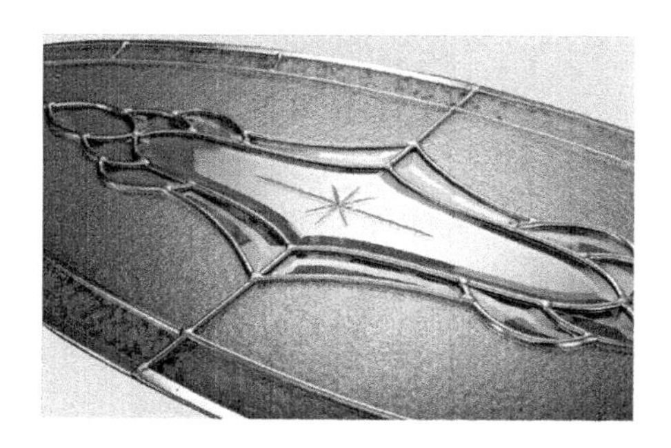

图 5-48　镶嵌式玻璃

5. 粘贴式

将不同的材料和不同的面积有组织地粘合在一起，形成材料的叠加，产生新的形态、新的材料结构，这是材料的再创造。粘贴能充分利用原有的材料特性，原来的肌理特征，将不同的视觉融为一体，改变高度，改变色泽，产生对比度，如图5-49所示。

图5-49 粘贴式

6. 组装式

将呈现触觉肌理面貌的自然物种置入有形或无形的框架中，这就是组装。组装的特点是将相异的文化符号通过一定的背景，自然地融合在一起，将文化符号在画面上组成新的语言，如图5-50所示。

图5-50 组装式

7. 塑造法

塑造法构造触觉肌理，运用可塑的材料，如石膏、水泥等，在物质的表面塑造出一定的肌理触感。最近兴起的水泥花盆、桌台等自制物品，就是利用塑造法把水泥制作成不同的形态，每个都是独一无二的肌理造型，给予了每个产品独特的性格特征，如图 5-51 所示。

图 5-51　塑造法

8. 编织式

编织肌理是用线状材料和带状材料编织成形态，构成肌理的一部分。可运用的材料很多，不同的线状有绒线、尼龙线和塑料线等，既能构成图案式的肌理，又能构成一定形态的骨骼线，如图 5-52 所示。

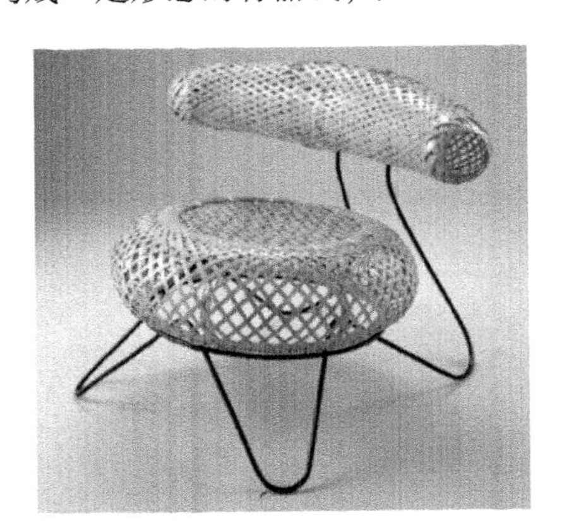

图 5-52　编织肌理的椅子

5.7.3 触觉肌理与形体的关系

形体与肌理是密不可分的关系，肌理起着加强形体表现力的作用：粗的肌理具有原始、粗犷、厚重、坦率的感觉；细的肌理具有高贵、精巧、纯净、淡雅的感觉；处于中间状态的肌理具有稳重、朴实、温柔、亲切的感觉。天然的肌理显得质朴、自然，富于人情味；人工的肌理形形色色，可以随人心愿地创造，以确切地表现各种效果。

通常人们认为纹理和肌理在概念上是相似的，甚至纹理也是肌理，两者是相同的。这种说法有一定的盲从性。

首先，肌理属于形态学研究范畴，而质感属于材料科学研究领域。可以说，肌理的存在取决于物体的材料，是材料的一个特征，而肌理是产品形态的有机组成部分，对材料、颜色和形状是补充和不可或缺的。

其次，从产品的角度来看，肌理强调人类行为在产品上的可操作性和产品给人的心理感受，即肌理强调人的因素，肌理具有被动性的两种表现属性，即人们自觉创造产品的主动性和被动性，也就是产品形式由于这种创造性活动给人一定的感觉，而肌理只强调特定材料的自然性和材料基于视觉和触觉给人的直接感觉，即被动因素，所以虽然它们相似，但归根结底却是两个概念，属于不同的范畴。

此外，从材料的角度来看，质感主要反映在各种材料所包含的物理特性上。肌理则是增强材料质感美的一个重要因素——人们可以通过视觉或触觉感受来联想材料的纹理美。在产品设计中，经常利用材料、模具等特性借助肌理来模拟各种真实材料的质感。

在工业生产中，工业纹理是指在加工或加工过程中在工业产品表面产生的细节。根据其组成的不同细节层次，可以进一步分为纹样（纹理图案）、肌理和纹理粗糙度。肌理是指产品表面经过一些加工后留下痕迹的视觉效果。然而，人们的肌理创造意识正是从早期自然肌理的发现和应用中产生的，可以说早期纹理是后期纹理发展的原型。

肌理是形体表面的组织构造，在一个形体上可以布满同一种肌理或不同的肌理，可以从横向或纵向划分几个区域，根据使用方式和视线投射的情况、根据权衡比例的法则配置相同或不同的肌理，并且将肌理布置在视线经常看到的或时常接触到的部位。总之，肌理的配置要“因地制宜”“因材设饰”，服从使用条件，不能干扰或者破坏形体的整体美。肌理的设计还要满足产品的功能，不同的功能部件使用不同的肌理，有利于产品的使用。肌理在形体设计中的作用有以下三种：

1）肌理能更好地表达产品的用途。例如，饮料瓶的瓶盖设计通常都设有凹凸条纹，除了增大拧瓶盖的摩擦力外，凹凸的肌理也提示人们产品的使用方法。

2）肌理能增强产品的立体感。一个产品的不同面使用不同的肌理，能使产品看起来更加立体，更加有层次，如图 5-53 所示。

图 5-53　表面肌理

3）肌理还可以丰富产品的形体表情。不同的肌理表达出来的情感和性格是不同的，设计产品的时候经常把不同肌理放在同一视线范围下，就是为了能够更好地显示这一点。

第6章　机械产品的造型设计

造型设计通过艺术造型，将工程技术问题和艺术表现形态融为一体，追求产品在外观设计、表面材料的选择以及色彩格调等方面达到适用、经济、美观的外观质量。比如一台电视机，它不是一个简单的由各种零件堆砌而成的方盒子，它的形式和比例要美观，装饰要大方而精巧，色彩要适度。一个机械装置也是如此，不仅实用、结构科学合理、功能优良，而且成本低廉、外形美观。同时，使用起来应该方便、安全、牢固和高效率。

6.1　机械产品造型设计程序及方法

机械产品造型设计是以机械产品为主要对象，着重对于造型有关的功能、结构、材料、工艺、美学基础、宜人性以及市场关系等诸方面进行综合的创造性设计活动。任何产品的造型设计都要有明确的依据，设计过程要按照规定的程序，遵循一定的方法，这样设计出来的产品才是合格的。

6.1.1　产品基本体量关系的确定

体量指造型有明确分界线的各部分的体积给人的分量感。体量对比就是各体积分量感的对比，可以从以下两个方面来考虑：

1. 相同形状的体量对比

相同形状，如果等形又等量则绝对统一，但时常会显得乏味，这时如果体量之间产生大小对比，就能取得变化了。

2. 对比形状的体量对比

对比形状的体量对比由以下方法取得协调：

1）相异形之间互相渗透，让它们联系起来。

2）采用过渡法，即一个形朝另一个形慢慢地过渡。

3）相异形之间加大它们的体量比例对比程度，使小的部分衬托大的部分，从而大的部分给人感觉更突出，更有特点，反之也可以在一定程度上使小的部分更细致、更精巧。

造型各个部分的体量有时是和功能的需要分不开的，一定要把各体量关系处理好，使造型具有整体和谐美。

剖析任何机械产品都可明确看出，产品各部件、组件和零件均由一些简单或复杂的几何体组成。因此，研究和掌握几何体的组成、演变与组合，对主体确定体量关系有重要意义。产品的造型设计是以基本几何体为基础，进行不同的造型方式，如切割、组合等，进而形成产品最终造型。

体量分布与组合不同，将构成不同造型方案并直接影响产品的基本形状和风格。产品的物质功能是形成产品体量大小的根本依据，体量的组合要避免单调、杂乱，最大限度地追求用最紧密的空间和简洁的形态而又有个性的形态来表达产品的功能和结构，而造型设计要进行总体布局，对于结构对称的产品，常取对称的造型，使产品具有端正、庄重的特点；对于结构不对称的产品，要考虑实际布局均衡要求，以求造型稳定。只要基本布局一定，造型产品就有了基本轮廓，进而才能进行部件的细节设计。为此要对机械产品设计造型，先要确定基本体量关系，体量分布与组合不同将构成不同造型方案并直接影响产品的基本形状和风格。

6.1.2 造型体的比例设计与分析

机械产品造型比例确定构成的基本条件是要从产品功能特点出发。产品的功能决定产品的使用方式，因此，产品造型首先要考虑适应功能的要求，在此前提下，尽可能使造型样式美观，两者兼得，进而决定造型物各部分的尺寸大小和比例关系。

外圆磨床、卧式车床等卧式加工机床，从加工细长件的功能要求出发，它们的造型必然是低而长的。对于立式车床、锤铣床、立式钻床等立式加工机床，从加工零件的大小和加工范围等功能出发，它们的比例必然是高而短的。

以车床为例，由于加工回转体件直径和长度的不同，生产批量（单件小批量或大批量生产）和零件结构特征（盘形、细长、带螺纹、阶梯、锥度、曲线轮廓等）的不同，会要求车床具有不同的功能特点，于是车床又有卧式车床、转塔车床、自动车床和立式车床等种类之分。再如，加工大直径盘形零件的立式车床，由于结构布局的不同又分为单柱立车和双柱立车，结构布局不同，其造型的比例关系也就不同。

如图 6-1 所示，机械车辆的前身长 L_0 与车总长 L 的长度比大约为 0.618，符合美学上的黄金比例，尽管是机械产品，但从造型的外观比例来看，是赏心悦目的。同样的，车载部分的高度与整个车身高度的比例也接近黄金比例，因此这款机械车的造型比例很协调。

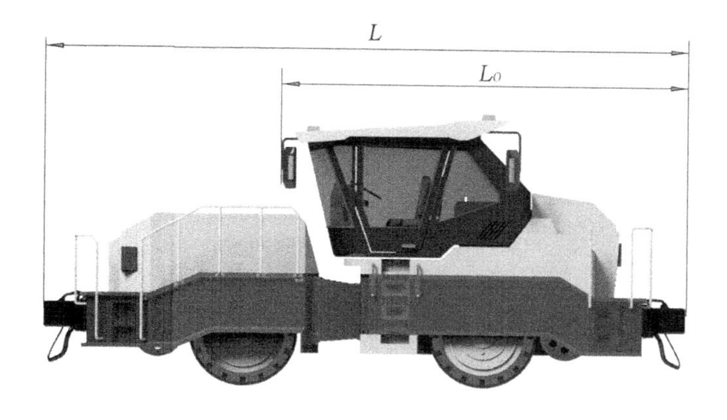

图 6-1　机械车身比例

6.1.3　造型体的线形组织

产品造型中线有很多种表现，如轮廓线、分模线、曲面间的交线或装饰线等。各种线条类型在表达产品风格和造型装饰方面发挥着重要的作用。

1. 轮廓线

产品的轮廓线决定了产品造型的外观特征，也影响了产品造型的基本风格。有什么样的轮廓线，就有什么样的产品基本形态，。改变轮廓线将改变整个产品造型的基本外观。英国著名设计师巴克斯特在他的著作《产品设计与开发》中提出，“当人们观察物体时，他们会在注意细节之前快速扫描全身。产品外形的线条和轮廓更容易影响人们对产品的感受和形象”。因此，设计者必须掌握模型轮廓线与产品整体模型和风格之间的内在联系。

2. 分割线

顾名思义，对产品造型表面起分割作用的线即为分割线。分割线在产品造型中以各种形式和状态出现，如结构线、面与面的交线、装饰线等，都具有造型的分割作用，既可以直线水平分割或垂直分割，也可以曲线分割。不同的线形具有不同的心理感受和情感特征。因此，可以灵活地变化，利用分割线来塑造产品的风格和情感特征。

3. 分模线

分模线也叫作结构线，因大多数产品不能一次成形，设计师必须把一个整体的造型分割成多个部分，分别加工制造，然后再组装成形，各个部件模块通过具体的连接结构装配后而呈现的间隙就是产品造型上的分模线。分模线的位置影响产品表面各部分之间的比例关系，对产品的美观性有着重要的影响，是产品造型上重要的分割线。因此，结构线的设计，既要考虑生产制造工艺的可行性，也要考虑造型的装饰性需要，设计中应合理处理好两者的关系，使分模线的位置、走向既适合生产制造工艺要求，又益于产品性格和造型美的塑造。

产品造型中的分模线还发挥着对产品形体不同功能区间划分的作用。例如，在产品造型中人机操控界面的设计，通常用分模线（或加上不同色彩）将操作区域勾画分割出来，这样既可以强调功能操作区，方便用户识别及操作使用，同时也丰富了造型的层次感和细节，消除造型体面的呆板。另外，如果造型面过大会显得空洞乏味，可以用线进行面的分割，化整为零，使产品表面产生变化。如图 6-2 所示，冰箱造型的正立面设计通常用水平分模线按照黄金分割比例划分出不同的功能区，同时线的分割也起到优化冰箱高度的作用，在视觉上增加了稳定性。

图 6-2　冰箱

4. 装饰线

装饰线指单纯为了避免造型单调、呆板，丰富表面效果变化而设计的线，装饰线有时也发挥强化产品动势的作用。装饰线有明线和暗线两种。明线通常采用与所在面不同的材料进行设计，明线既可以美化产品造型，又可以用来覆盖造型上因工艺未达到精度所产生的结构缺陷。明线在汽车造型设计中用得较多，如汽车侧身水平饰线，通常是为了增强动势、优化汽车高度而设计的。明线装饰也可以通过不同的色彩喷涂形成的色彩交线而形成。暗线一般是通过在造型主体上做凸凹痕，利用凹凸起伏形成的光影产生线的感觉，这种线富有立体感，能增加几何造型面的层次感和设计细节，具有装饰意味（见图 6-3），同时还可以增加部件的造型强度，如用金属薄板加工成的罩、盖、门时，常用凹凸加强部件的强度，塑料材料工艺也常采用。

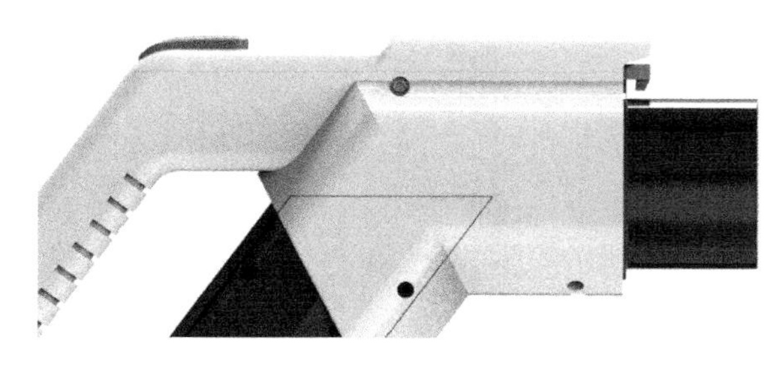

图 6-3　凹凸光影

6.1.4　线形选择考虑的因素

1. 应考虑产品物质功能特点

不同功能的产品线形有很大差别，如汽车、火车等交通工具产品，线形应选择曲线形（流线形），以保证运行时空气阻力能到达最小，因曲线形成圆润的形态能减少风阻，符合空气动力学的原理。大型生产类机械产品（如机床），线形为突出其平稳、安定，应选择直线形。

2. 要考虑人的心理感受

产品的线形是选择宁静的直线还是活泼流动的曲线，需要考虑人的心理感受，某些产品在人们心目中已有了既定的形象和个性特征，一旦改变，会影响人们的理解，应尽量让线条的性格特征和人的心理期望相适应，不要影响产品个性的塑造，以及人们对产品既定的理解。

3. 要考虑整个产品的形式美需要

形式美要求在变化中追求统一，在统一中寻求变化。产品线形的选择既要与产品风格统一，又要追求整体统一下的变化，使产品造型能曲中见直，直中见曲，做到动静结合，视觉上更生动，更富有美感。

线形有视向线及实在线两类。视向线是指造型产品的轮廓线，因视向变化而变化；实在线是指装饰线、分割线和压条线等。

线形的选择应与产品物质功能相适应，如小轿车、飞机等多选流线形，以保证其运行阻力最小；而机器设备多选直线形，以考虑机体的稳定与操作的方便。此外，选择线形时还应考虑各种线形的性格、特征，使之与人的心理需求相适应。

在线形组织过程中，必须突出某一方向的线形，以产生线形的“主调”，主要根据造型产品的功能和其上的运动部件主要运动方向而定。

如卧式车床，其线形组织的“主调”应是水平、垂直两方向的。而小轿车采用水平线和斜线的组合，以水平方向的线形为“主调”，使汽车外形给人以生动活泼安全之感，强调了汽车前驱的运动趋势。

6.2　产品造型中的细部处理

6.2.1　造型形态的心理和联想

1. 造型形态的心理

生活在现代的人们，对产品造型的要求越来越高，只是实用已经远远不能满足人类的需求，根据马斯洛需求原理，已经有越来越多人的生活有资本去追求尊重需求和自我实现的高度。为此，产品造型设计的目标是除了能满足它本身的功能需求之外，还要最大限度地达到人们的心理需求，并且设计师要通过理解人们认识和接受产品造型的心理过程，更好地把握人的心理因素，正确把握产品的表现力和个性，使产品造型设计达到更深层次。

1）人情味的设计。现代人在追求物质的同时，也应该享受精神的追求，人的情感活动属于精神生活。人情味的设计是遵循人类情感活动的规律，把握消费者的情感内容和表达，用符合“人情味”的产品造型来寻找消费者的心理共鸣，产生喜爱和愉悦的态度，激发人们对新生活方式的追求。

2）单纯化的设计。现代人生活在复杂的社会环境中，有着紧张的工作和竞争的激励，当人们回家时，他们想要平静简洁，这就反映在他们对日常消费品的选择上，即“单纯”和“宁静”的美学观。单纯和宁静对于人们的心理净化和心理平衡非常重要，并成为现代造型设计的主要特征。

3）审美情趣的设计。人们的审美能力和审美情趣与社会和历史的发展是同步的，反映了相应时代的特征。每个时代都有不同的审美意识，这导致了不同的产品造型。例如，在封建时代，明代家具简朴典雅，太师椅端庄稳重，如图 6-4 所示，反映了封建社会的礼教伦理规范。人们的审美情趣也是民族的，西方人的情感表达更加外向。审美过程的思维成分高于情感成分，而我国人的情感表达更加内向和含蓄，审美过程主要基于经验。在情感表达中，造型是通过类比来设计的，更容易接受。含蓄典雅的造型设计符合我国人的审美情趣。

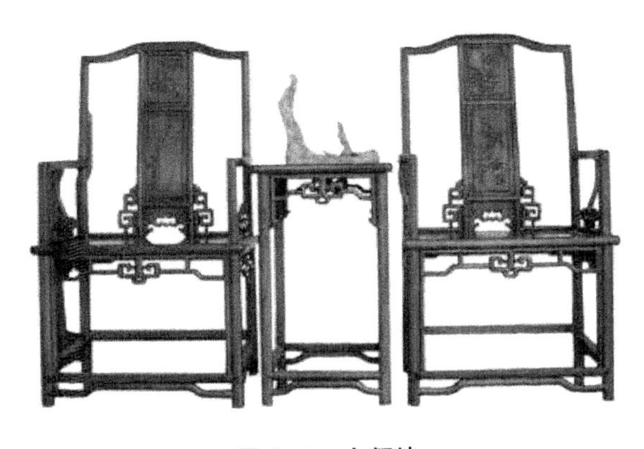

图 6-4　太师椅

4）地位功能的设计。每个人都有自我表达的欲望，希望产品的造型能显示出自己的欣赏和审美能力，并显示出他的财富和社会地位。一块手表，它的功能已经不仅仅是显示时间，昂贵的材料、细腻的质感、精致的表盘以及独特的造型，都能显示其拥有者的身份地位，这种能让拥有者感受到心理满足的虚拟价值已经超越了一块手表本身的实用价值。

5）产品造型个性化的设计。成功的造型设计不仅要注重功能、结构和外观的共性，还应该有其独特的个性，以区别于许多同类产品，吸引消费者的注意和喜爱。产品造型的个性设计是基于对消费者个性心理的研究，消费者的个性是指一个人的整个精神面貌，包括外在自我和内在自我的总和，它是显性行为和隐性行为统一的综合反映。综合的个性观对产品造型的个性设计要求也是综合的，产品的造型设计代表了产品个性的显性因素，而产品内部结构和功能的设计是隐性因素。优秀的产品造型和个性设计是新颖美观的外观和科学、合理方便的产品质量的统一。

造型设计是一种基于消费者整体和心理需求的整体设计理念，是物质设计和精神设计的有机整体。设计师在设计造型时要综合考虑消费者的实用需求和心理需求，简单地说起来就是“美”与“用”的统一。

2. 造型形态的联想

联想是通过一个人、一个物或概念想到另一个人、事物或概念的心理过程。客观事物总是相互关联的，把具有相似特征的现象，或时空上接近的实物，抑或相对立的现象联系在一起，会产生许多新奇的想法，如接近联想，看到水库便会想到水力发电机；类似联想，如想到鲁迅，可能会想到其他的文学家，如郭沫若、高尔基等；还有对比联想，看到光明的字眼，可能会想到黑暗；因果联想，在屏幕或海报上看到火的标志时，会不自觉想到热等。在造型设计时，可以通过具象元素发散联想，也可以以抽象概念发散联想，以促进形态的一步步渐进与渐变，再由联想特性发散思维。

1）具象联想。具象联想是人们通过一个具体的事物联想到另一个具体的事物，是一件事物对于另一件事物的活动。这在平面设计、包装设计中常被运用，是形象与形象置换关系的桥梁，通过这些形象置换的完成巧妙地传递着信息。例如，由圆柱形的烟囱联想到相似的树桩，由冰淇淋融化联想到地球冰川融化，由地球的树木联想到人们的汗毛等。具象联想是创意中常用的采用两种形象表现作品的手法。

2）抽象联想。抽象联想是一种由一个事物想起与其相关的信念、思想、状态和风格相关的联想。它是一种更深层次的联想，基于人们的感官、信仰、习俗和思想等，如看到绿色会想起和平、绿化、环境和生态问题，枪支与死亡、战争、暴力、冲突等相关联，吸烟与道德和健康问题相关，文字与文化、历史、习俗和人文有关。这些抽象的联想往往使创意主题更加深刻和动人，增加了作品的吸引力，如果运用准确就会产生事半功倍的效果。

想象是为了设计创造而形成的有意识的想法或心理意图。这种心理活动可以在原有的感性意象的基础上创造新的意象。如果联想是横向思维，想象是纵向思维，这些想象中的新形象是由积累的感性材料加工转化而成的。虽然人们可以想出从未被感知或现实生活中不存在的事物的图像，但想象最终来自客观现实中存在的视觉信息，并在社会实践中得到发展。想象力决定于设计师的综合素质和创造能力，想象的完成是一个更深层次的思考过程，没有想象机制的作用，人们无法产生新的奇怪的想法。

设计师在设计作品时实际上是一个审美的过程。在这个过程中，设计师运用丰富的联想和想象来超越时间和空间的限制，尽可能扩大艺术形象的容量，从而深化画面的意境和新颖效果，最终达到激发受众群体极大兴趣的目的。因此，为了达到事半功倍的效果，需要增强我们的创造性思维能力，并最终在联想和想象中付诸实践，因为这比幻想要有效得多。

6.2.2 细部线形处理与装饰

在用不同线条塑造产品细节形状时，应根据不同形状的设计目的，充分发挥不同线条的特点，合理组合，创造理想的细节形状。例如，直线与曲线的结合产生了正方形与圆形，刚性与柔性结合的视觉美感。粗实线与细实线相结合，创造了轻盈和灵巧。在产品的细节设计中，线形通常运用在表面和表面或接头的结合处，起到分割和组合的作用。

产品设计中的线形装饰有明线装饰、暗线装饰和色带装饰等。明线装饰是使用与主体造型不同的材料，色质立体的装饰线固定在要装饰的表面上，具有装饰效果。暗线装饰是指凹凸线本身在造型主体中与主体的材质色彩完全统一，凹凸光泽用于创造亮度，深色分明有装饰分割的作用。有时，要覆盖的加工误差或缺陷可以用阴影来掩盖。

在远古时代，人们磨石为刀，木头为箭。他们抓住了创作的本质，通过运用，通过感觉，让它变得得心应手，但从来没有雕饰形态。“舍”得大胆，“取”得简洁，即使有些装饰，也给予深刻的内涵，并服务于功能结构。随着工业的发展，包豪斯打破了洛可可和文艺复兴的建筑模式，严格要求功能和适合现代世界尽可能节约材料、成本、劳动力和时间，提出了设计师脑力劳动的贡献在于有序的布局和有很好的比例和体积，而不在于多余的装饰。

在现实生活中不难发现，形态简洁的产品更容易受到消费者欢迎。简洁不等于简单。简单的形态只能给人单调乏味的感觉。而简洁是单纯的体现，简洁之中往往蕴含着丰富的内涵，有时，一件从外观上看似复杂的产品也能给人简洁的感觉。

加拿大心理学家丹尼尔·柏林通过人对于形态复杂程度的视觉感受提出了著名的视觉偏好曲线（见图 6-5）。从图中可以看出，造型过于简单和复杂不会给人很大的吸引力和愉悦感，而中等视觉复杂度的外观反而可以给人更好的吸引力和愉悦感，这与《辞海》中对细节的解释相同。

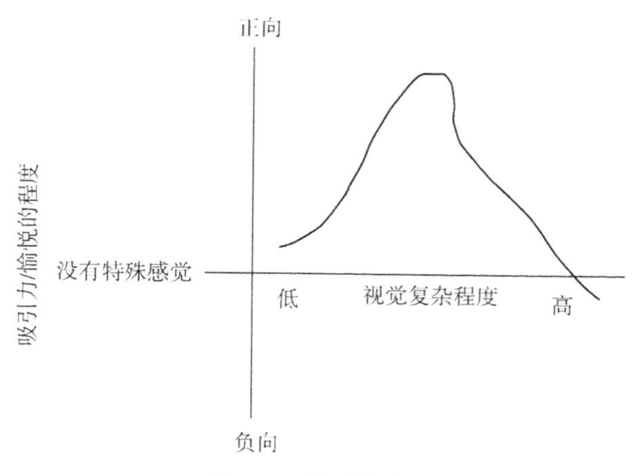

图 6-5　视觉偏好曲线

丹尼尔·柏林的理论证明了：简单让人们感到单调。然而，形式过于复杂，这违背了人们喜欢单纯形式的心理特征。只有中等视觉复杂度的造型才能具有简单但不单调、复杂且不烦琐的视觉效果。这也解释了为什么人们不仅要追求形式的简单性，还要注重细节设计。

可以把细部归类为功能性联结细部、结构性联结细部和形态性联结细部，并且这三类细部是互相补充的。无论功能性联结部位还是结构性联结部位，其操作最终都要落实到形态操作的层面上，而形态的操作最终又主要是对形态性联结部位的运作来完成的。形态性联结部位作为不同形态系统的交汇点，在形态上表现为各自系统相互作用的痕迹。形态学研究认为，形式的特征是由它的界限所决定的，两个不同形态系统的相互作用和相互联结的部位，便是其两侧不同形态系统的界限。与功能性联结部位和结构性联结部位的使用内涵相比，形态性联结部位的形态内涵包含丰富的内容，拥有使用内涵的功能性联结部位、结构性联结部位，其作用是对行为的联结，保证行为的自由和连续。而当形态程式化以后，对于功能使用会有相对独立性，因此在纯粹形态意义上，形态性联结部位更关注于知觉的连续变化，以保证知觉秩序的协调。就像在电影艺术中，同样的素材，却可以通过不同的剪切来形成不同的含义和表达。

从理论和实践方面来讲，在细节设计上，无论功能性联结细部还是结构性联结细部都必须在形态层面上实现，形态学的处理主要集中在形态联结部分。因此，形态联结部分是细节设计的关键所在。

以下是形态性联结部位一些常见的部分：

构件的穿插处：当不同方向的组件在同一个表面上相互结合时，开始连接点的部分不仅是原始组件的一部分，而且由于两个组件的叠加而具有两个组件的特性。这样的联结还具有加固的功能。

材料的接头处：作为产品细节甚至建筑整体形式的载体，材料的作用不可忽视。在处理形式时，不可避免地要准确说明材料之间的关系，而说明的质量和清晰度反过来又会影响形式的表现力。有些是相同材料之间的联结，有些是不同材料之间的联结。

形体的转折处：一个物体基本由许多面组成，使用空间也主要由这些面定义。然而，从人类感知的角度来看，人们倾向于忽略简单的面，而更关注那些面的转折点，这也是人们长期以来发现的一个规律。

形状的变化处：人们可能会有这样的体验，当一个物体的两端是不同的形状时，如圆形与正方形、粗的与细的，人们的注意力会集中在物体中间形状的变化上。例如，在前面提到的格雷夫斯设计的茶壶中，一个黑色的小圆盘和一个朱红色的小球被用作塑料手柄和钢制手柄的厚薄体之间的联结（见图 6-6）。

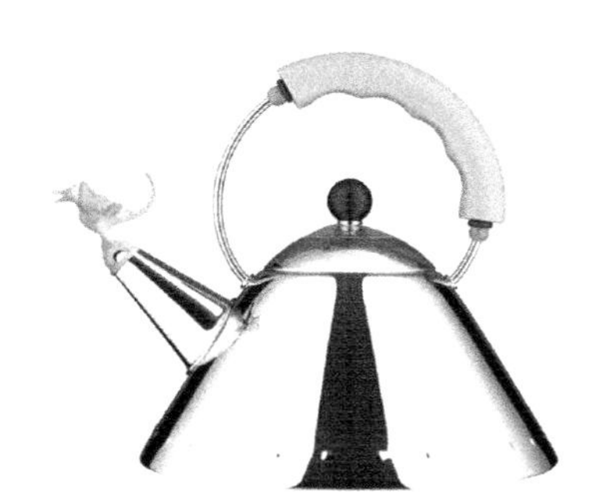

图6-6　格雷夫斯茶壶

上面提到细节的形态部分之一，这里必须提到，就是装饰细节。装饰性细节是指某些产品或产品的铭牌标记和某些产品的数字图标指示等，这些也是细节设计中需要考虑的部分。

6.2.3　操纵件的艺术造型设计

操纵件指对某一机器进行控制、操纵而生产出来的零件。而在操控过程中往往需要对操纵件进行一定的外观功能设计，使使用者操作方便，机器符合标准，造型更加美观，如机床操纵机构的功用：实现机床上各种运动的控制，如运动的启动、停止、制动、变速、换向；运动部件的松夹、换位、定位以及送夹料等。

操纵机构不参与机床的工作运动，与机床的精度、刚度等无关。但对机床的使用性能、生产率以及外观造型等有直接影响。在机床传动方案设计的同时，就应拟定操纵方案，而且操纵机构需与相关部件一起进行结构设计。

机床操纵机构设计应满足的要求如下：

1. 方便直观

操作件布置区域适当；操作件尺寸合适，其形状和颜色应根据不同的控制作用有所区别；操作件数目要少，适当采用集中操纵；操作件的动作方向应与部件的运动方向一致或遵循一定规则与习惯。

2. 安全可靠

手轮、手柄操纵力如表 6-1 所示。

表 6-1 手轮、手柄操纵力

机床重量/t			≤2	>2~5	>5~10	>10
使用频繁程度	经常用	操纵力/N	40	6	80	120
	不经常用		60	100	126	160

注：①每班使用次数多于 25 次，按“经常用”考核。
②对用于夹紧、锁紧、顶紧以及增加阻尼等特殊用途手柄、手轮的操纵力，按设计要求。
③大型机床极少使用的调整或维修用手轮、手柄的操纵力按设计要求，但最大不得大于 200N。
④变型机床的手轮、手柄的操纵力按基型要求。

被操纵件的定位要准确可靠；被操纵件的结合或断开要顺利可靠；操作件有足够动作空间，操作件之间或机床壁面之间应保持一定的距离；操作件的位置要避开切屑、冷却液或润滑液；转速较高或尺寸较大的手轮、手柄，在工作部件运动时应自动脱开；相互干涉的运动需设互锁装置。

3. 省力迅速

手轮、手柄的操纵力要小，不得超过表 6-1 的规定；动作频繁的操纵要迅速，操纵力应均匀。

6.2.4 指示装置的艺术造型设计

指示装置是指用于测量仪器仪表，指示被测量值或其有关值的装置。指示装置分为机械式显示装置和电子式显示装置两大类。

1. 机械式显示装置

机械式显示装置有指针-刻度盘、指标-刻度带、窗口-刻度带、标记、图形显示、机械计数器等形式，如图 6-7 所示。机械式显示装置利用显示部件间的相对运动来指示被测参数值。它们结构简单，制作容易，显示清晰。指针-刻度盘和指标-刻度带式显示还能反映指示值的变化趋势。机械式显示装置的缺点是：不易实现综合显示；部件间存在摩擦，显示精度受到影响；显示装置本身不发光，在低亮度环境中需要照明。航空仪表中常采用荧光照明或灯光照明。荧光物质对人体有害，使用过程中荧光亮度不能调整，且会逐渐衰减。20 世纪 50 年代后，荧光照明逐渐被灯光照明取代。灯光照明分为表内照明和表外照明。表内照明是在仪表内部设置一些微型光源（如白炽灯、发光二极管等），通过简单的光学零件引导照亮仪表显示装置，这种方法应用较广。

图 6-7　机械表盘

2. 电子式显示装置

电子式显示装置按显示格式分为固定格式电子显示仪和可变格式电子显示仪。这类显示装置采用电子技术把电信号转换成电子显示器件的光信号，借以显示需要的信息内容。显示的信息有数字式、模拟式、符号、图形以及组合形式等。

1）固定格式电子显示仪。显示形式一经设计确定，使用中便固定不变，也不具有综合显示信息的能力。这种显示仪多为单参数电子式仪表（如数字式转速表等），常用发光二极管、液晶显示器和荧光数码管等作为显示器件，如图 6-8 所示。

图 6-8　荧光数码管

2）可变格式电子显示仪。可变格式电子显示仪也叫作电子综合显示仪。这类显示仪多以阴极射线管为显示器件，优点是信息容量大、分辨率高、亮度大；缺点是体积大、耗电多、可靠性差和寿命短。人们正探索用新型电光器件（如液晶显示器、发光二极管显示阵列（见图 6-9、场致发光器件等）来代替阴极射线管。

图 6-9　发光二极管显示阵列

与机械式显示装置比较，电子显示仪精度高且容易判读。电子综合显示仪不仅显示的亮度和对比度可以调节，而且容易实现信息的综合显示。因此，电子显示仪，尤其是电子综合显示仪，在飞行器中得到日益广泛的应用。

在对显示装置进行设计时，要考虑以上的优缺点，针对不同使用情况并参考人因工程学对显示装置进行合理的布局再设计。

6.3　辅助装置的造型设计

辅助装置是保证充分发挥机器功能所必需的配套装置，常用的辅助装置包括：气动、液压装置，排屑装置，冷却、润滑装置，回转工作台和数控分度头，防护，照明等。

6.3.1　防护装置的造型

防护装置是用屏护方法使人体与生产危险相隔离的装置。生产中的危险部分包括操作时可能接触到机器设备的运转部分，加工材料碎屑可能飞出的地方，机器设备上容易被触及的带电部分、高温部分和辐射热地带，以及厂院、工作场所可能引起坠落、跌伤的地方等。其防护装置是根据隔离危险因素原理创造的，对预防伤亡事故的发生起着重要的作用。在机器设备的设计、制造、安装、验收和使用过程中，都应同时考虑设置必要的安全装置。

电气：屏护装置、漏电保护装置、断路器与隔离开关操动机构之间装设的联锁装置、电力电容器的开关与其放电负荷之间装设的联锁装置等。

防雷：避雷针、避雷线、避雷网、避雷带、接闪器、引下线、接地装置等。

锅炉：压力表、水位计、超温报警和联锁保护装置、高低水位警报和低水位联锁保护装置、锅炉熄火保护装置、锅炉自动控制装置、排污阀或放水装置等。

压力容器：紧急切断阀等。

机械：固定安全防护装置、联锁安全装置、控制安全装置、自动安全装置、隔离安全装置、可调安全装置、自动调节安全装置、跳闸安全装置、双手控制安全装置等。

1. 安全技术要求

1）固定防护装置应该用永久固定（通过焊接等）方式或借助紧固件（螺钉、螺栓、螺母等）固定方式，将其固定在所需的地方，若不用工具就不能使其移动或打开。

2）进出料的开口部分尽可能地小，应满足安全距离的要求，使人不可能从开口处接触危险。

3）活动防护装置或防护装置的活动体打开时，尽可能与防护的机械借助铰链或导链保持连接，防止挪开的防护装置或活动体丢失或难以复原。

4）活动防护装置出现丧失安全功能的故障时，被其“抑制”的危险机器功能不可能执行或停止执行；联锁装置失效不得导致意外启动。

5）防护装置应是进入危险区的唯一通道。

6）防护装置应能有效地防止飞出物的危险。

2. 防护等级

1）A 级防护。可对周围环境中的气体与液体提供最完善保护。

①防护对象：防护高蒸气压、可经皮肤吸收或致癌和高毒性化学物，可能发生高浓度液体泼溅、接触、浸润和蒸气暴露，接触未知化学物（纯品或混合物），有害物浓度达到 IDLH，缺氧。

②装备：

全面罩正压空气呼吸器（SCBA）：根据容量、使用者的肺活量、活动情况等确定气瓶使用时间。

全封闭气密化学防护服：此防护服为气密系统，防各类化学液体、气体渗透。

防护手套：抗化学防护手套。

防护靴：防化学防护靴。

安全帽。

2）B 级防护。存在有毒气体（或蒸气）或者针对致病物质对皮肤危害不严重的环境。

①防护对象：为已知的气态毒性化学物质，能皮肤吸收或呼吸道危害，达到IDLH，缺氧。

②装备：

SCBA：确定防护时间。

头罩式化学防护服：非气密性，防化学液体渗透。

防护手套：抗化学防护手套。

防护靴：防化学防护靴。

安全帽。

3）C级防护。适用于低浓度污染环境或现场支持作业区域。

①防护对象：非皮肤吸收有毒物，毒物种类和浓度已知，浓度低于IDLH，不缺氧。

②装备：

空气过滤式呼吸防护用品：正压或负压系统，选择性空气过滤，适合特定的防护对象和危害等级。

头罩式化学防护服：隔离颗粒物、少量液体喷溅。

防护手套：防化学液体渗透。

防护靴：防化学液体渗透。

4）D级呼吸防护。

①防护对象：适用于现场冷区或冷区外的人员。

②装备：衣裤相连的工作服或其他普通工作服、靴子及手套。

因此在对防护装置进行造型设计时，要考虑到所需防护的要求和等级，对其高效地进行设计。

6.3.2　机箱、机柜的造型

机箱一般包括外壳、支架、面板上的各种开关、指示灯等。外壳用钢板和塑料结合制成，硬度高，主要起保护机箱内部元件的作用。支架主要用于固定主板、电源和各种驱动器。外观和用料是一个机箱最基本的特性，外观直接决定一款机箱能否被用户接受的第一个条件，因此目前的外观也逐渐偏向多元化发展。用料主要看机箱所用的材质，机箱边角是否经过卷边处理，材质的好坏也直接影响抗电磁辐射的性能。

机柜一般是冷轧钢板或合金制作的，用来存放计算机和相关控制设备的物件，可以提供对存放设备的保护，屏蔽电磁干扰，有序、整齐地排列设备，方便以后维护设备。机柜一般分为服务器机柜、网络机柜和控制台机柜等。在机柜的设计造型中应做到如下：

第一，在机柜设计中减少零部件的数量。在机柜设计的过程中，在保证机柜正常功能的前提下尽量减少机柜零部件的数量，一方面可以提高加工生产率；另一方面可以满足机柜设计简单大方的审美需求。具体要做到以下四点：第一点，被加工零件表面的形状要尽量简单；第二点，在机柜的零件设计过程中，尽量减少机柜零件的加工面积；第三点，在机柜零件的设计过程中要尽量减少在加工过程中的装夹次数；第四点，在机柜零件设计的过程中要尽量减少工作行程的次数。

第二，在机柜的设计过程中要规范设计尺寸和公差，以免在机柜的批次生产中因为尺寸的问题增加机柜的设计加工难度。因此，在机柜的尺寸设计中尽量采用标准尺寸，减少工艺装备的品种和规格，统一加工设备，统一加工程序。在保证机柜正常功能的前提下，在零件设计图上要标注清楚零件尺寸的精度等级和表面粗糙度值，并且尽量使这两个要素经济化。这样不仅可以降低加工成本，而且可以提高生产率。

第三，零件设计和原材料的选择要和加工工艺相适应。在设计机柜零件和选择原材料的过程中，零件的设计和原材料的选择要和现有的加工工艺相适应，以免发生无法对零件和原材料进行加工的情况，导致零件和原材料的浪费，增加生产成本，延长生产时间，降低生产率。

6.3.3 照明装置的造型

照明装置含有灯泡、灯管等照明灯，以及灯座灯罩，变压、控制等器件。照明装置的造型应根据需要考虑，如体积小巧，占用空间小，安装灵活方便，或自动节电，无须调试，无须专人操作管理，或性能稳定可靠，免维护使用等。

照明装置的构造分为光源、灯罩、灯体及相应电材料四个部分，在使用过程中可分为固定式、移动式，同时照明方式可分为直接型、半直接型、间接型、半间接型、漫射型，在生产过程中对照明装置装饰性要求较低，对实用性、安全性具有较高需求，在整体造型上多为简单的几何体，简洁、易于检修更换、实用性较高。

光源作为照明装置的核心部分，是体现照明装置性质的关键要素，光源的类型多种多样，随着科学技术的发展和革新，光源造型日趋丰富，可以直接裸露在外。灯罩与灯体影响光的传播，对灯光效果的体现起着非常重要的作用，灯罩一般由面罩和骨架组合而成，应对不同的设计需求，两者可独立进行设计。灯体作为照明装置的支架结构，在造型的设计上及材料工艺的选择上都会产生不同的灯光效果。

照明装置的结构设计好后，要根据使用环境、实际需求、灯管效果，为其成形选择合适的材料。一般分为饰面材料（直接裸露在外的光源除外）、结构材料。在对现有市场的调研之后，常用的材料有塑料、金属、玻璃、木材、陶瓷和纸质等，需根据不同的使用需求及特性考虑材料的使用，而产生不同的造型效果。

在材料选择之后，加工工艺对照明装置的造型也会产生不同程度的影响，确定相应程度的工艺方案，以达到最初的造型设计效果，在实际生产过程中需根据材料的形状、尺寸和性质等灵活选择工艺，如塑料材质通常采用电镀工艺、塑料成型工艺，金属材料一般采用铸件工艺。只有正确选择加工工艺之后，才能在加工过程中减少与原始设计的造型误差。

6.4　装饰件的造型设计

6.4.1　商标（厂标）的造型设计

在世界设计史中，最早出现的商标是彼得贝伦斯设计的，商标的出现，标志一个品牌的诞生。商标具有统一的价值，在彼得贝伦斯将商标设计出来后，应用于厂房、包装、运输汽车和产品上。因为商标的一致性，扩大了外界对于产品的认知，所以可以起到宣传的作用。在商标的造型设计中，应该具有简约，辨识度高，可以应用旗下各类产品标识的特点。在造型方面，一般几何造型的组合为先，并且具有一定的含义最为合适。人们看到烟的上升，就会想到下面有火。烟就是有火的一种自然标记。在今天，虽然文字和语言传送的方式已经十分发达，但是像商标的设计这种令公众一目了然，效应快捷，并且不受不同民族、国家语言文字的束缚，更加适应生活节奏不断加快的需要，如图 6-10 所示。

图 6-10　产品标识

商标同样具有商业价值，它是一个企业、公司的核心价值，是所在产品的无形价值，商品信息的载体，是参与市场竞争的工具。它是一种无形的资产，具有价值。在造型设计上，应该符合企业、公司，以及工厂的核心价值观，与所产生的价值相一致。商标的造型设计应该做到体裁多样，构思灵巧，简洁明了，易读易懂，鲜明醒目，别致新颖。商标的造型设计是区别于他人商品或服务的标志，具有特别显著的区别功能，从而便于消费者识别。商标的造型设计是一种艺术创造，要繁简适中，易读易懂，要考虑到易于识别和记忆，又要注意到造型不能过于简单，而失去显著特征。

在市场中，对于提高产品的竞争力来讲商标设计起着重要的作用，同时会给企业带来较大的经济效益，企业对商标都尤为重视，如可口可乐，单单是依靠标志信誉就可赢得银行贷款。商业标志本身代表着企业的依托和保证，是现代企业的无形资产，在消费者印象中所营建的形象更是一种财富。商标的作用逐渐在现代企业中得到重视，越来越多的企业加入商标的设计中。成功的商标设计不是偶然得来的，而是经过设计师及企业多方考究、努力的成果。每种产品及每个企业都有自身的个性特点，商标则是对每个产品的特性进行调研、总结、提炼、修改进而成熟起来的，最终使用一种高度精炼的方法将它表达出来，使商标具有一定的代表性，能够以小见大，能领略公司特性，才不失为成功的设计。

1. 商标造型独特，个性鲜明

以“可口可乐”为例，如图 6-11 所示，该品牌是世界十大著名品牌之一，可谓家喻户晓，其商标的知名度要比该公司的销售额和利润高得多。就早期的可口可乐商标来看，标志为白底、红色圆圈内为 CocaCola 字样，缺乏个性特色，这与市场份额的丢失也是密切相关的。再后来美国著名设计师雷蒙·罗维对“可口可乐”的标识进行了改良，以红色为底色，白色作为字体的基本色，同时在文字下加了一条曲线尽显活跃，使整个商标所表达的气氛更加活泼，这条粗细变化的曲线及弧度看似随意，却是经过专门的测试实验的，使字体与曲线能够较好地融合，瓶身的弧度使的产品和标识更好地得到了呼应。可口可乐的标识中线条形手写字体、曲线条纹，再加上瓶身独特的弧形，整体设计极具节奏与韵律，使整个画面增添了不少活跃气氛，标识与饮料融为一体，给人以热情和谐的感受。这种“可口可乐”商标的改进增加了商品的象征性及联想性，同时使设计更加和谐，增加了产品的市场竞争力。

图 6-11　可口可乐标识

2. 具有一定的文化内涵

产品标识具有一定的文化内涵，会潜移默化地提高产品形象，通过文化底蕴而与消费者产生共鸣，提高人们对产品的认同感。成功的商标设计具有较好的品质形象，换一种说法商标代表着品牌形象，是产品形象的代表符号，如“AJ”的商标是一个简易粗犷的勾号，造型刚健有力，充满运动的活力，给消费者带来较为震撼的视觉效果，以小见大，还代表了奋进不止的民族精神和永不衰退的企业活力，给予消费者无限的想象空间，带来更深邃、憧憬、充满激情的精神意象，标识所具有的文化意蕴和独特的运动特性完美地结合起来，赋予了商标更为深刻的文化内涵。

3. 符合美的形式规律

人的需求可分为生理需求、安全需求、社会需求、尊重需求和自我实现需求五个层次。五种需求由低到高依次发展，只有满足低一级的需求时，才会引起下一个需求。从调研中能够总结出这样的结论：人们对于美感的需求是介于尊重需求和自我实现需求之间，对于美感的满足是较高层次的心理活动，对于美的形象能带给消费者舒畅愉悦的心理感受。商标设计的美感并非是简简单单的客观存在，离不开消费者主观的审美意识活动，它只有在消费者的审美过程中才能得以体现，所以，为了使商标能够满足消费者的需求，则在设计过程中要考虑到消费者的审美心理、趣味和文化水平等，进行多方面考究。

4. 发展中的稳定性和延续性

因为消费者的知识水平、生活背景和想法等各不相同，对商标的认知自然会有所不同，在对于商标的改进过程中，并非要进行脱胎换骨的变化，而是要在改变过程中照顾到消费者的情感需求，包括“怀旧情感”，既在设计改良过程中要在原设计的基础上进行合理化改变，而非彻底颠覆。

商标设计的根本就在于传递信息，在传递有效信息的基础上进行有效的创意表达，以功能需求作为设计的出发点，以独创性的想法进行设计，用简洁的语言形式来完成视觉传达任务，进而达到商家所期望的经济效益，得到消费者的认同和理解，促进对商品的认知，以达到促进产品销售的目的。

6.4.2 面板的造型设计

面板的造型设计中，应尽量保持在易于察觉的地方，方便操作人员进行观察。同时，需要将面板进行防损坏设计，可以将它放置低于工作面的地方，或者加一个保护盖将面板保护。在面板的设计中应尽量将重要信息放在屏幕中央，使文字处于清晰可见的位置，如图 6-12 所示。面板的设计提供了产品即时状态的信息，以便操作者恰当控制。面板上的标志则应该能够可靠表明和区分这些控制和显示元件，并提供其他形式的辅助信息，此外，面板上的其他图形形式，如镶边、嵌线和色彩对比区域也被用以强化人机交互面，使其更容易识别特定的控制和显示功能，更有利于操作的进行。面板的造型设计是整体外观的重要组成部分。面板上，一般有操纵原件、指示原件和记录原件等功能元件以及产品型号及名称、生产厂商和标记所组成。这些组成部分反映了仪器的功能，同时也决定了面板的造型以及内容。

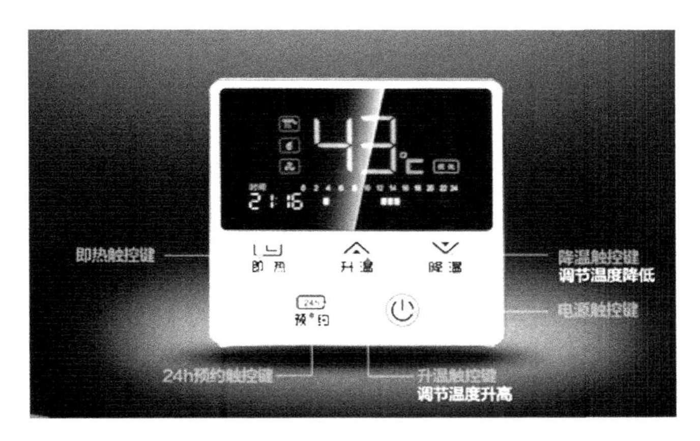

图 6-12　热水器控制面板

造型设计往往又受整体体积、结构、使用，维修或其他因素的限制，它在面板上的布局是否合理，元器件的配位是否协调，色彩的运用是否相宜，工艺选择是否得当，又将取决于面板设计的形式。如何使内容与形式得到和谐与统一，这将是面板造型设计成败的关键。面板上所安装的元器件，就其外观而言，对面板的组合形式及造型有着一定的影响。元器件的组合是仪器面板上构成外观造型的具体内容，同时也对装饰具有相当的作用。现在已经越来越少采用金属面板，而原先对金属面板设计的开孔、挖窗几乎不复存在，这是面板设计的一项革命性的变化。面板的造型设计不仅是为了造就装饰美，更主要的是体现行为美。借助色彩衬托，使面板富有生气，是面板造型设计进步的一大特征。

控制面板的设计需考虑人机工程学的人机界面设计问题，即是操作者与机械设备之间进行信息交流的界面，将机械产品在运作过程中产生的各种信息通过控制面传达给控制者，或控制者通过控制面板，在控制指令窗口发出控制者的指令，从而达到操控机械的目的，因此在控制面板设计过程中人机工程运用的合理程度，会直接影响操作者对操作速度与操作准确程度的把控。

在外观造型上，控制面板可依据人机原理进行设计，如流线形的外观造型可增添产品的活跃气氛，尽显动力，同时在区域划分上，显示区和操作区要划分明显，人眼接受信息到操作者做出操作动作能够更协调地同步进行，功能配置规整齐全，组装简单易懂，更易于操作者掌握。为了照顾操作者的心理需求，可在控制面板整体的外观造型下，进行合理的装饰，如简单舒适的曲线线条，能使操作者得到亲切感，用以调解工作者工作的心态，从而使工作效率有所提高。

在控制面板的设计过程中要考虑显示-操纵的相合性，用来显示的机器、设备与操纵装置在大多数情况下都有着密切的联系，这种显示与操纵之间的联用关系称为“操纵-显示”的相合性。这种相合性是人机工程的一种表达方式，与人和机器间的信息传递、信息处理与控制指令，以及人的习惯定式都密切相关，相合性是出于人因工程的思考，受人的因素影响较大，更趋于人性化设计。例如用来显示数据的仪表盘，指针向顺时针方向转动通常表示数值增大，指针向逆时针转动表示数值减小，如果将这种表达关系颠倒过来，对于操作者来讲就很容易看错。

6.5 外观件面饰工艺的选择

6.5.1 造型中的面饰工艺方法

面饰工艺又称为表面处理工艺，面饰的工艺方法很多，其中代表性的有喷砂、拉丝、轧花、蚀刻、烫金、包金、贴金、电镀、烧蓝、雕花和车花。

喷砂：在高压气体的作用下，使沙子高速地冲击在饰品表面所产生的一种具有特殊纹理的表面效果，这种工艺称为喷砂，如图 6-13 所示。

图 6-13　喷砂水杯

拉丝：拉丝多用金刚石在饰品表面进行定向运动，从而形成具有细微纹理的一种工艺。这种工艺多用于手机金属背壳等地方，如图 6-14 所示。

图 6-14　计算机表面拉丝

轧花：轧花工艺常用于金属饰品的批量生产。轧花是首饰中常用的工艺技法，对金属表面进行塑性加工，因此加工出的首饰表面经过塑性变形，变得坚硬、耐磨、光滑，如图 6-15 所示。

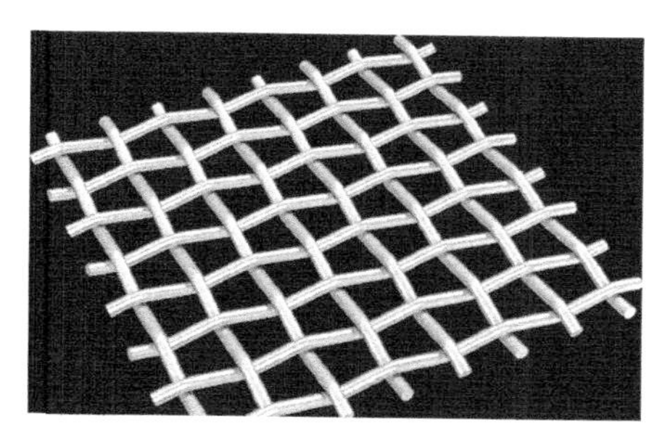

图 6-15　铝制轧花

蚀刻：蚀刻是利用酸碱综合的原理，利用氢氟酸在玻璃板上进行雕刻。其原理类似于电路板的制作原理。利用酸性溶液对金属进行腐蚀，如图 6-16 所示。

图 6-16　打火机表面蚀刻工艺

烫金：烫金工艺常应用于印刷，它使用的材料是氧化铝或者铜粉，在高温下利用字模的压力附着在印刷品上，实际上不属于黄金的加工工艺，如图 6-17 所示。

图 6-17　名片烫金工艺

工艺与材料息息相关，面饰工艺的方法需根据不同的材料进行选择，以金属为例，金属表面处理通常包括电镀、化学镀和氧化等，通过电化学反应在金属表面形成一层氧化膜。同时电镀有单金属镀层和合金镀层，从品种角度看，单单是电镀液就千差万别。采用电镀的方法可以改善外观，提高耐蚀性，提高耐磨损性能等。化学镀是通过氧化还原反应形成致密的氧化膜，具有较高的抗氧化能力。在镀膜之后再采用其他面饰方法对金属进行表面处理，达到预想的面饰效果。

6.5.2 标牌面板的制作工艺

标牌面板在现代社会各个领域的运用越来越多，标牌因为上面的文字和图标等内容给人们起到指示和警示的作用，如现在常见的路标指示牌，上面有文字、图标和数字等，能够明确地告诉人们指示牌上所指明的地址和距离等信息，如图 6-18 所示。另一个主要作用就是宣传信息，最常见的就是公交站做宣传的广告指示牌。这是标牌的两个主要作用，广泛运用于家电、数码电子产品、民用产品及机械设备等领域。

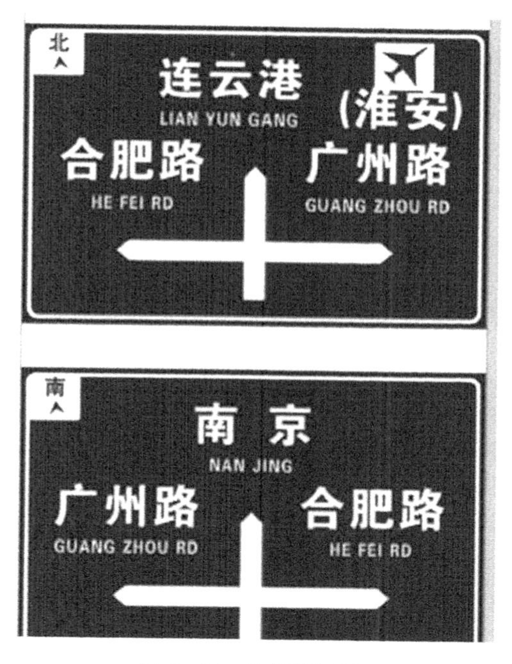

图 6-18 路标指示牌

标牌面板用于日常导视系统，其所用材料根据使用场所来选择，以达到最佳的视觉效果。在日常生活中，金属标牌的运用最多，主要以铜、铁、铝、锌合金、铅锡合金等原材料为基础。由于每种金属材料的特点各不相同，可根据标牌的不同风格，选择合适的金属原材料，如不锈钢具有耐锈蚀的优点，铝制标牌具有美观、耐磨性好和硬度高等优点。

制作标牌面板的注意事项如下：

1）外观边缘整齐，字迹清晰丰满，能清晰表达内容。

2）尺寸符合设计图样要求。

3）进行多次可靠性试验，对性质特点进行评估，如耐磨性、耐蚀性等。

根据技术要求和设计需求，选用合理的工艺和材料，以下对标牌制作工艺进行简易介绍：

1. 网印金属标牌面板

网印金属标牌面板工艺流程：下料—刷纹—清洗—干燥—涂底漆—网印（套色）—检验—贴保护膜—裁切及冲压成形。

工艺说明如下：

1）首先进行铝板刷纹处理。

2）清洗污渍过程中使用金属清洗剂水溶液，加以清水冲洗即可。

3）涂底漆的过程使用丙烯酸清烘漆或氨基清烘漆，采用滚涂、浇涂等工艺手段。

4）网印（套色），首先印浅色，然后印深色，手工印刷或利用机器网印都可以。

5）裁切及冲压成形，为了不伤及产品加工表面，裁切之前应加贴保护膜，为了使位置准确，应有冲压成形的定位孔。

6）假如铝板表面不刷纹，部分产品使用光亮面直接作为面板使用也可以。

2. 网印砂面铝面板

网印砂面铝面板工艺流程：下料—机械抛光—砂面处理—氧化或喷漆—网印（套色）—贴保护膜—裁切及冲压成形。

3. 网印氧化着色铝面板标牌

1）铝氧化电解着色，有很好的耐气候性，网印户外标牌效果很好。

2）用细砂面铝板，经氧化后染成浅金色（18K金色），然后网印或胶印小标牌（如机床标牌），效果很好。

3）用铝氧化着色后，网印文字，然后压凸局部并成形，做小标牌，效果也好。

4. 金属板成形面板

成形加工后喷漆或喷塑，然后网印，使用金属类网印油墨即可。

5. 网印金属标志牌

大块金属板经过喷涂或大面积网印实地后，在上面印文字或标记。

6. 网印塑料标牌面板

（1）网印亚黑PVC标牌

网印亚黑PVC标牌工艺流程：切片—贴双面胶带—冲压成形—单件网印—检验包装。

工艺说明如下：

1）用0.3mm厚的亚黑PVC材料。

2）选择黏性好、涂胶薄而均匀的双面胶带。

3）选IPI、东洋、金龙等PVC油墨，有光和亚光两种墨都可选用。

4）也可以采用拼版印刷，大量生产，然后冲压成形，但这要在印好的铝板上贴保护膜并打好冲压成形定位孔。

（2）网印PC软面板

网印PC软面板工艺流程：切片—网印（套色）—压凸及冲孔—贴双面胶带—裁切成形。

工艺说明如下：

1）不论透明片还是砂面片材，一般都是在里面印刷，所以套色的顺序是先印深色后印浅色。

2）一些透明色窗口，在印浅色块时，横竖方向都要加大0.2mm，防止套印不准产生离缝。

3）应选择质量好的网印油墨及慢干溶剂，如金龙14系列油墨及溶剂。

4）压凸模具有单头凸凹模，也有整体多头凸凹模，后者精度较高。

（3）网印ABS注塑成形件

注塑成形件各种各样，网印时要做专用的定位工装，有的成形件很大，如电视机壳，若在机壳上印字，要做微型网版，手工印刷。ABS注塑成形件有的要先进行喷涂后再进行网印，常用丙烯酸类涂料。有的注塑成形件要进行多色套印，如收录机壳，要求印台重复精度好，专用定位工装准确，印件的一致性好。

7. 网印蚀刻标牌保护层

抗蚀墨、光固线路板油墨、光敏线路板油墨在线路板制作中都在使用，同时也用于铝、铜、不锈钢标牌的蚀刻。一般抗蚀墨网印后字边留有油迹，影响蚀刻质量，需处理后才能蚀刻。而光固线路板油墨印后字边无油印，可直接蚀刻，在腐蚀不锈钢阴文小字时，用光敏线路板油墨最好，先大面积印实地，经烘干、晒版、显影后可以直接蚀刻，效果很好。

6.6 材料、结构、工艺与外观造型的关系

6.6.1 材料选择与外观造型的关系

材料是产品设计的物质基础，造型是产品设计的表现形式。两者是产品设计的基础，脱离了材料的设计就是一种空想，没有好的造型就无法成为被消费者认同的商品。材料是贯穿整个设计过程的基础，科技的不断更新，材料科学也不断地进步发展，从设计到材料，从材料到设计，为造型设计提供了无限的可能性，同时认清材料特性对造型设计起着重要的作用。材料与外观造型两者相辅相成，共同推进产品设计的发展。

1. 材料分析

材料分为两大类：一为天然材料，二为人工材料。

（1）天然材料

大自然是人类的能源宝库，满足人们的物质需求，如：木材、藤条和竹条等自然材料。竹条、木材、藤条等自然材料的特性为设计带来了无限的可能性，同时材料自身的纹理给人以不同质朴、回归自然的感受，通过设计不断拉近了人与大自然的距离。

（2）人工材料

常见的人工材料一般包括纸张类、金属类、有机类、纺织类和石材类五类。

①纸张类。

纸张类质软、绝缘、易于加工，但对于产品外观造型设计来讲，强度低，耐蚀性较差，防潮性差，在设计过程中多用于包装设计，在视觉传达不同的信息，而不作为造型的基础材料。

②金属类。

纯金属，如铁皮、铜版和金箔等，延展性较好，金属表面有耐腐蚀的氧化膜，有的可以反复使用。合成金属类，如铝镁合金以及铜、锡、铝合金等，在各种环境下有较好的稳定性，延展性较强、易于加工、硬度高，是造型设计中较为热门的基础材料。

③有机类。

有机类是一种以合成的天然的高分子化合物（如硅高分子材料），是经过塑化成型加工的材料，它一般具有质轻、绝缘、耐腐蚀、美观和易加工等特点，同时成本较低。在对于硬度要求不是很高的造型设计中，该类材料是较好的选择，但同时对环境的负面影响也是不容忽视的问题。

④纺织类。

纺织类质软，多用于外部包装及衣物类设计。

⑤石材类。

石材类包括普通石材、玛瑙、琉璃和玉石等，硬度、透明度较好，它们可以有不同的颜色，实用性强。对于外观造型来讲，加工性较差，不适用于大部分产品。

2. 现代材料对造型特征的影响

造型设计在现代设计中起着至关重要的作用。造型设计都是由其本身的功能来决定形态的，是根据产品的功能属性、使用场景和面对人群等因素决定的。造型设计是一种立体造型活动，它涉及产品的材料、性能和生产工艺等多方面因素，这就限制了对造型的设计。要想设计出别具一格的产品造型，就要对现有材料进行研究，从性质出发，合理利用材料的优良特性，以产品的属性为基础，做出好的造型创新设计。

（1）金属类材质对造型的影响

金属类材质的强度较大，质地坚硬，有一定的延展性，不具通透性，密封性能好。对于不同的金属来讲，色泽也各不相同。由于金属的强度大，分子结构紧密，在外观造型的使用中多用于外壳造型或内部支架。金属类造型多数采用几何体，以维持稳定性，同时注意造型倒角避免锋利边缘挂伤操作者。若使用金属作为造型基础材料，前期应做好绝缘处理，如油漆等，在改变外观效果的同时，避免电器类产品漏电而产生事故。金属类材质的特性，密封性能较好，则在造型设计时需考虑通风孔的设计，使产品工作时所产生的热量得到散发，保证安全的同时延长产品的使用寿命。金属表面具有光泽，可采用印花等工艺对产品外观造型做视觉上的处理。对于内部结构来讲，金属支架可采用焊接的方式进行固定，保证了内部装置的稳定性。

（2）有机类材质对造型的影响

有机类材质可分为塑料、橡胶和纤维三大类，强度较高，质轻，绝缘，耐腐蚀，有通透性，表面光滑，可添加不同的颜色，易加工，可重复使用，材料低廉，如硬质塑料就是其中的一种，在现实生活中，使用该材料进行设计的产品随处可见。

有机材质造型的特点是通透性较好，质轻，在加工生产和使用方面能减轻加工负担及产品的总重量，总体造型更显轻盈活跃，同时在生产上该种材质易于加工，有非常大的可造性，目前在众多材料中已占据了主导地位。有机材料耐热性较差，对于大功率产品外形的设计，应注意通风散热设计，避免产生受热融化的现象，不仅会破坏整体的造型，而且存在一定的安全隐患。

在新的时代背景下，材料与造型的发展得到了稳步提升，使用先进的科技材料对造型进行创新性设计。更多地关注材质的适用性，及造型的人性化。利用材质不同的特性，合理地进行造型创新设计，最终传达出产品的内涵，而达到造型设计的目标。

6.6.2　加工工艺对造型效果的影响

所谓工艺是指生产方使用各类生产加工工具对各种原材料、半成品进行加工或处理，是指最终成为成品的过程及加工方法，包括成形工艺、加工工艺和表面装饰工艺等。首先要遵守SET原则考虑社会现状、经济条件和技术状况，对于同一种产品，由于加工厂的设备、员工等因素各不相同，产品的加工工艺也存在一定差异，即使是同一工厂的不同时期，加工工艺也有可能是不同的。

加工工艺对造型效果的影响因素有很多，主要有加工工艺方法、工艺生产水平、新工艺的开发及使用和工艺方法的综合使用等。

1. 加工工艺方法

对于不同的材料来讲，都有着不同的加工工艺方法，钢铁加工性能良好，生产加工时可采用的加工工艺有很多，如铸造、锻压和焊接，如图6-19所示。切削加工等能加工出大部分机械设备装置及生活用品；木材仍然是一种很受欢迎的加工材料，用途较广，可通过刨、打孔和组合等工艺进行加工，同时木材自身纹理特性能给人以自然、淳朴和舒适等感受，也是木材材料受欢迎的原因之一。塑料制品如今随处可见，塑料原材料易于得到，同时塑料具有质轻、耐腐蚀、绝缘性好等特性，表面可表现出不同的质感，可塑性较强，可以通过绝大多数方法对塑料原料进行生产加工，能实现复杂形体的产品成形。塑料已经成为产品造型设计中不可或缺的材料。

图 6-19　焊接

通过对材料特性分析而采用不同的加工工艺，采用正确的加工工艺在加工过程中尤为重要，即使相同的材料采用不同的加工工艺也会产生不同的加工效果。

2. 工艺生产水平

在材料、结构和工艺都相同的情况下，工艺水平不同，所获得的造型效果也不同。工艺水平直接决定了产品造型的质量，不能单单追求经济效益，而在加工工艺上有所欠缺，对于一些表面粗糙、工艺性较差的产品，消费者也能一眼辨别。这也是许多经营者运营不当的原因。

3. 新工艺的开发及使用

随着时代的发展，科学技术的革新，许多传统工艺被新工艺所代替，如精密锻造、精密冲压等，只有造型设计人员不断地学习、应用和创造新工艺，才能使造型艺术效果有所提高，才能设计出创新的产品造型，才能使加工过程更为简便，如在加工过程中电火花、激光和超声波加工等先进技术的应用，使难加工的材料、精密加工等变得更为精密简便。

4. 工艺方法的综合使用

在造型设计过程中，增加外观造型的变化，使外观造型的效果更加丰富，要采用多种加工工艺方法。在设计过程中，不必要局限于某种风格、某种工艺方法，要灵活运用加工工艺方法，对多种手段进行合理把控综合使用，充分体现出材料的质地美，如木材，尽量表现出材料本身的特性，而给消费者亲近自然的直观感受，灵活运用多种加工手段，使产品外观富于变化。

6.6.3　外观件结构方式对造型的影响

随着人们的生活水平不断提高，产品用户更加注重产品的外观和体验舒适度，与此同时，更好的外观和操作舒适度成了市场主要竞争点，用户不仅仅对使用功能方面提高了要求，同时也对外观类触碰产品和外观美观造型方面变得更加严格，消费者希望他们使用的产品在具备良好的功能性以外，同时具有更好的外观造型，造型形态的基础就是外观件的结构设计。

图 6-20 所示为驱蚊器，外观件的结构方式直接影响产品的外观形象，因此对产品造型效果的影响很大，合理的结构设计能促进外观质量的提高，获得结构性能良好、造型美观等效果，从而使功能和结构相统一。

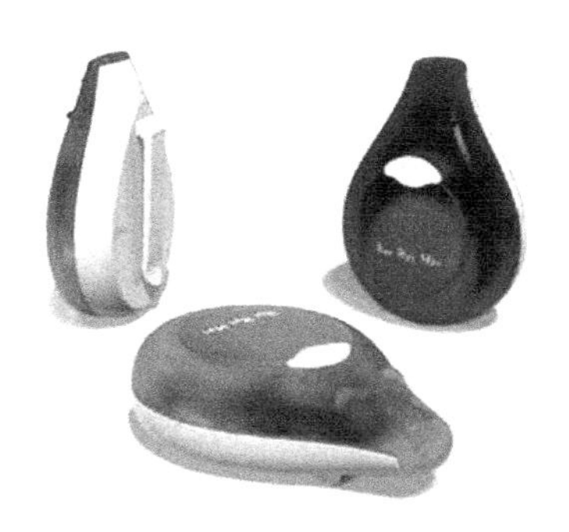

图 6-20　驱蚊器

一件良好的产品从诞生之日开始就是服务于人的使用需求，它的功能性和操作性就是产品的重要功能。但是产品外观整体的关系也是造型要求的重中之重，外观件的结构方式要充分考虑对整体造型的影响，任何一种产品都是由多个外观部件组合而成的整体，造型与功能相互协调才能成为统一的整体，在产品的外观件设计中应从整体的角度入手，来把握整体外观结构部件的造型，使整体造型协调统一。

1. 从功能角度考虑外观件造型

产品的造型特征是由产品外观件的造型来决定的，在产品的造型设计中，外观件变成了重要的因素。在造型设计中一定要严格注意产品的功能和使用角度分析。

2. 突出外观造型特征，使整体造型风格特点更为突出

在产品设计中，应加强对外观件造型特点的表现，突出外观件造型特征，使其中重要的造型特征变为视觉的中心点，使整体的造型特征具有较强的美感，要强调造型的美学特征，使其中的外观造型与整体相互呼应，具有既对立又统一的特点，使用对比手法，其中对立就是单一的外观件具有特点，统一就是各部分的外观件互相协调统一。要强调外观造型的美学特征，使用互相对比的手法，使其中外观件的造型变得新颖美观，使整体造型具有最亮的一点，也要让外观件统一在整体的造型中。如果不能使不同外观件合理进行搭配，这样会造成各部分之间产生冲突，会给人一种混乱的视觉感受，因此还要注意各个部分造型相互协调，成为统一的整体。

从以上分析可以得出结论，外观件的造型设计对整体造型起着重要作用，只有做好局部外观件的造型设计，才能获得良好整体的效果。

6.6.4 机械传动方案对外观造型的影响

机械传动方式（见图 6-21）虽然在产品内部，但它直接影响产品的外观造型，不同的机械传动方案得到的造型布局也是不同的，造型的立体构成关系也不同，同时传动方式还影响外观造型的比例尺度与外观件的位置等，以达到功能与形式的统一。

图 6-21　机械传动

可以将产品的造型进行分割，从局部到整体，从小部分到大部分的过程进行设计。由多种几何体（如方体、圆柱等）经过多次拼合使之成为一个整体，由简单到复杂而得出产品的整体造型。整合的过程就是产品外观造型的设计过程。随着计算机技术的发展，可以利用计算机辅助技术来完成整合的过程，首先可以将基本体存储到计算机内，设计者可以对计算机发出指令，对基本体进行不同方式的整合，从而形成最终的产品模型。

整体线形的规划与统一。内部的传动结构方式及各部分零件的连接形成了很多水平线和垂直线。这就对主题轮廓的线形有一定的要求，假如内部结构线形与产品主体轮廓线形位置安排得不合理，在整体造型上就会产生不同的线形关系，就会破坏了线形的统一，使产品的整体形象被分得七零八落，缺乏和谐统一的线形风格。

将产品整体结构化整为零。在设计过程中，根据产品的使用功能和要求，首先进行仔细的前期分析，经过多种方案对比，得到最佳的传动方案。如若产品的构图缺乏整体性，凸出部分和附加零件都不是有机的联系，个别部件是独立存在的，因此这种构造使零件分散，加大了产品结构形状不必要的复杂性。则应在设计过程中将产品内部结构首先作为一个整体去考虑，减少内部结构的复杂性，实现化整为零。

6.6.5　结构与造型关系

1. 龙门机架结构与造型的关系

龙门机架由底座与龙门两部分构成，其中底座通过地脚螺栓与地面紧密固定，负责支撑整个龙门机架与工作刀架，所承受的载荷通常为静载荷，加载方式一般为压缩。由于环形刀片的高速运转引起工作刀架做高频振动，底座在切割机作业期间会承受一定的交变载荷，这就要求底座必须具有很高的强度，来抵抗变形和断裂，和一定的硬度来抵抗龙门下端经长期重压压入底座的可能性，此外在交变载荷的加载下底座应具有较大的疲劳强度，以防止其产生疲劳断裂。综上考虑底座的选材宜采用灰铸铁，灰铸铁含碳量较高，碳主要以片状石墨形态存在，抗压强度和硬度接近于碳素钢，且减振性、铸造性和切削加工性能良好。

底座的作用是利用地脚螺栓将整个龙门机架与工作刀架固定在车间地面上，造型采用规则的长方几何体，对八个直角棱边进行倒角处理，并将表面用砂轮抛光之后做喷漆处理，底座位于泡沫切割设备的最底端，颜色采用厚重的哑光深色，以便使整机在视觉上显得沉稳可靠踏实，如图 6-22 所示。

图 6-22　底座

龙门是工作刀架的支撑与驱动机构，包括伺服电动机、丝杠、光杠、蜗轮、蜗杆等重要传动零部件。垂直于地面的光杠与丝杠受到来自工作刀架的弯矩，并通过光杠与丝杠的上下底座传递给龙门机架的箱体，所以龙门外罩承受着加载方式为压缩与扭转的静载荷。从零部件的装配位置来看，龙门的左右部分基本呈对称状态分布，因而箱体造型宜选用对称或近似对称的设计，这样在形态语义上与内部结构相吻合并且节约空间与原材料，最大程度上符合设计的适宜原则，并在企业的生产运营中尽可能地降低成本。在龙门机架箱体的选材上选用 HT200 珠光体基体灰铸铁，铸铁中存在的石墨有利于润滑与储油，其耐磨性与减振性良好，并且具有较好的焊接与切削加工性能。

龙门机架箱体的两肩采用圆滑的拱形曲面造型，如图 6-23 所示。利用此种造型设计的原因之一是圆滑过渡直角棱边，给人以光滑流动的曲线之美，之二是拱形结构具有极强的承压能力，以保障龙门机架的稳固。龙门两侧的立柱采用简洁单纯的无装饰长方体造型，为了加强直立面的抗压抗扭强度，在立柱的外侧做出加强筋，以增加其强度和刚度，且加强筋的方向采用斜 45°，如此方向分布的加强筋可以同时保证水平与垂直两个方向的立柱外侧板的强度。龙门机架横梁内部包括一伺服电动机驱动两根由联轴器连接的横轴，横轴两端各有一套蜗轮蜗杆系统，将动力沿水平轴旋转改变为沿铅垂轴旋转。由于蜗轮蜗杆的设计参数决定其蜗轮外端面在垂直面上超越了下方立柱的最边缘，如图 6-24 中左 CAD 图中红色圆圈标记处 a，因此龙门横梁外罩后端的端面在垂直面上也要超越立柱的后端面。

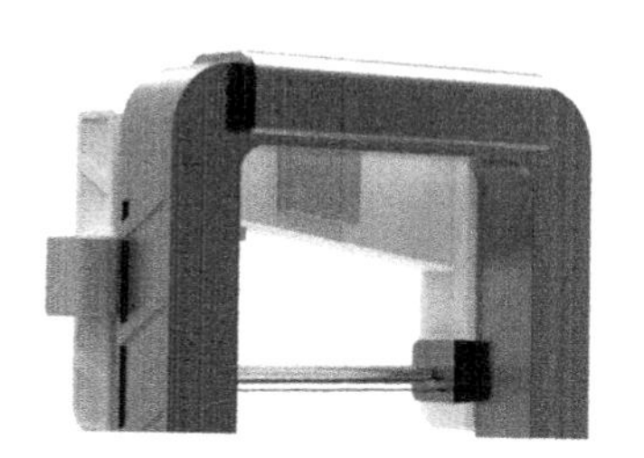

图 6-23　龙门机架

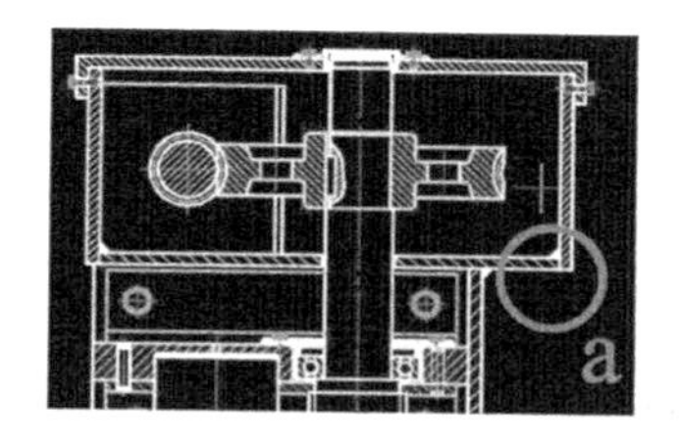

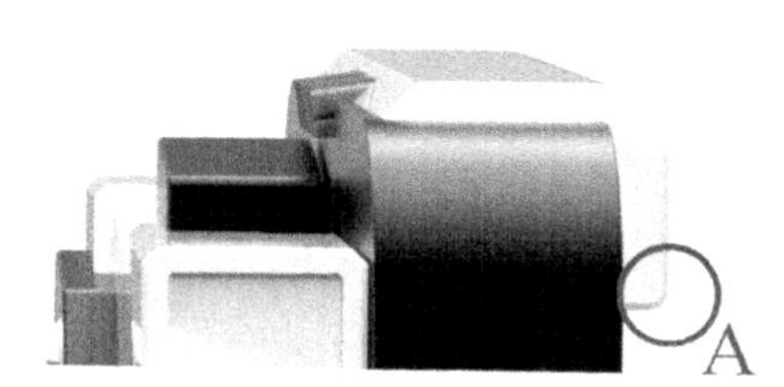

图 6-24　螺杆的外端面超越了立柱的最边缘

为了保证蜗轮的边缘与机罩内壁具有足够大的距离，以保证避免由于轻微的振动而引起的蜗轮齿顶刮擦机罩造成的机件损坏，因而预留的安全距离为 10cm。龙门机架的前端连接有工作刀架，使整体的视觉印象向前倾斜，给人以不安稳之感。要平衡这种视觉失衡，可以扩大龙门横梁的后端部分尺寸，使之向后探出，用来均衡刀架造成的前倾感，如图 6-24 所示，红色圆圈标记处 A 对应左图标记处 a。

从造型设计角度考虑，龙门机架横梁的正面是企业品牌标识安放的最佳位置，由于龙门高度为 3882mm，因而企业标识大概位于高于地面近 4m 处，人需要仰视才可以看到。从视觉角度考虑，企业标识的设计不仅需要尺寸上适当放大，颜色要鲜艳醒目，如果在造型上设计成立体形式，且立体标识的正面在水平方向上适当向下偏转，这样将会使站立在地面上的人更加清晰直观，没有视觉拉伸地认清标识全貌，而且企业标识会给人以更大的视觉冲击。龙门横梁的背面由于与立柱尺寸的差异，需要凸起一个凸台，来容纳内部的蜗轮，为了统一泡沫切割机简约明快的风格并配合横梁正面立体企业标识的倾斜设计，如图 6-25 所示，在造型上采用横截面带有斜面的棱台形态设计，棱台衔接立体标识的面设计为倾斜面，这样可以加剧立体标识的倾斜程度，使之更为醒目，同时凸出棱台的斜面可以弱化龙门机架大面积的平面所造成呆板的感觉。棱台的周边以较大的半径进行倒角处理，表面用砂轮研磨光滑，并覆以干净且富有光泽的米白色漆料，与前方的活动刀架相互呼应。如此造型与色彩的处理将使站在地面上的操纵者也能感受到细节处理所带来的宜人之感（见图 6-26）。

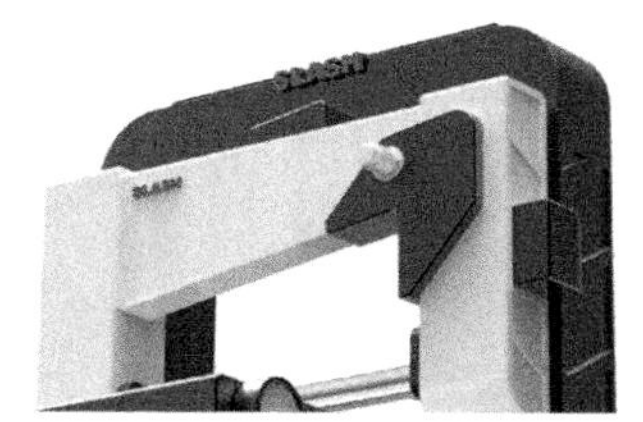

图 6-25　立体而倾斜的企业标识

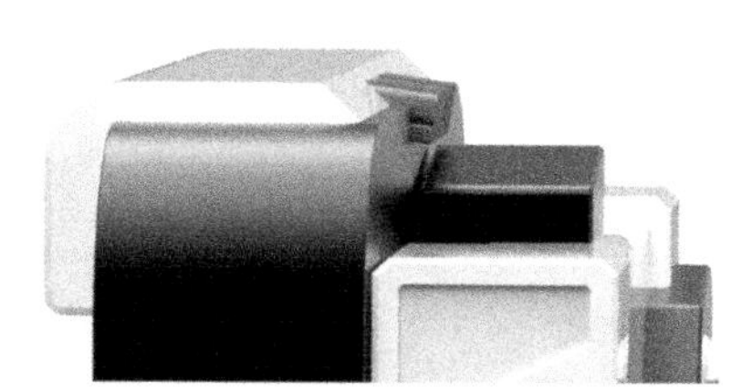

图 6-26　带有倾斜面的凸台

龙门机架是水平泡沫切割机最重要的支撑部分，所选用的工艺材料绝大部分为铸铁，以保证龙门机架具有可靠的力学性能，此外龙门的造型设计必须考虑到铸铁的工艺性能，以确保设计方案实现的可能性。如图 6-27 所示，龙门的整体造型为左右对称结构，颜色采用哑光黑色，以彰显稳重与大气，左右立柱与底座之间焊接支撑钢，以加强龙门的稳定，立柱左右侧板各有一组加强筋，用来增加龙门的抗扭抗压强度。

图 6-27　龙门架整体效果

2. 工作刀架结构与造型的关系

工作刀架由驱动系统、飞轮系统（包括三套固定飞轮组及一套可动飞轮组）、刀带张紧系统、磨刀系统和辊轴系统五大部分构成。驱动系统的主要部件为伺服电动机，它提供环形刀片围绕飞轮旋转，来切割工件所需的驱动力；刀带张紧系统通过自身飞轮的重力来压紧环形刀片使之张紧，高速运转时确保刀片的平稳可靠。

磨刀系统在切割机开始作业时就维持持续运转，以保证环形刀片切削刃的时刻锋利有效；飞轮系统的四套飞轮组用以确保环形刀片在工作时保持在张紧状态下并处于相对固定的位置，避免刀带在非水平方向上的振动进而引起切割误差。由于伺服电动机带动环形刀片与飞轮组共同高速运转，磨刀系统持续研磨刀具等都将会引起工作刀架的剧烈振动，在长时间交变载荷的作用下，某些零部件的表面由于局部应力集中或者强度较低部位可能首先产生裂痕，裂纹随后发生失稳扩展导致机件的疲劳断裂，这就要求刀架外罩应具有良好的减振性和抗疲劳断裂特性，工作刀架是依靠连接装置来连接在龙门机架的丝杠与光杠之上，因此工作刀架的整体重量如果太轻会加剧振动，如果太重会对丝杠与光杠产生过大的转矩，损伤设备并造成安全隐患，所以合适的刀架重量至关重要。泡沫切割机工作时刀架主要承受交变载荷。综合考虑其工作条件以及工作环境，选材可选 45 号钢。45 号钢含碳量 0.42% ~ 0.50%，是一种优质碳素结构钢，调质处理后具有良好的综合力学性能。为了提高表面硬度来增加其耐磨性，可以采用调质和表面淬火的热处理工艺方法，处理之后的工件表面可以获得很高的硬度（58~62HRC），而芯部硬度低，耐冲击。

工作刀架所包括的四组飞轮之中有三组为固定飞轮，另一组为可动飞轮，可动飞轮可以在调节手轮的操纵下沿着一对竖直光杠进行上下移动，进而放松环形刀片的张紧力，以便工作人员轻松更换刀带。如此的机构方案设计使切割机刀架的左右工作空间并不对称，在外观造型设计上可以巧妙地利用这种机构运动空间的不对称将工作刀架的造型也设计成非对称形式，由此可以改变传统机械设备呆板的对称造型，给人以耳目一新的感受，如图 6-28 所示。

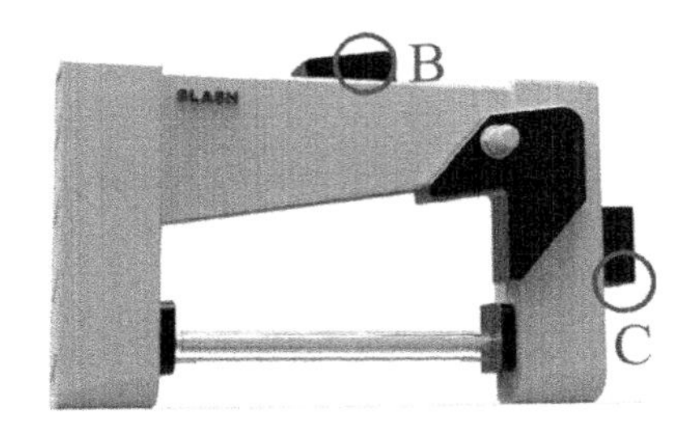

图 6-28　非对称结构的切割机工作刀架

由于结构设计的需要，刀带张紧系统的机构顶端高出环形刀片一段距离，如图 6-29 中左侧红色圆圈标记处 b 所示，同样磨刀系统的手轮端也要超出环形刀片的工作空间，如图 6-29 中右侧红色圆圈标记处 c 所示。两处突兀的造型如果处理不当，将会影响泡沫切割机的整体视觉感受，并很容易造成支离破碎，与整体不协调的感觉。

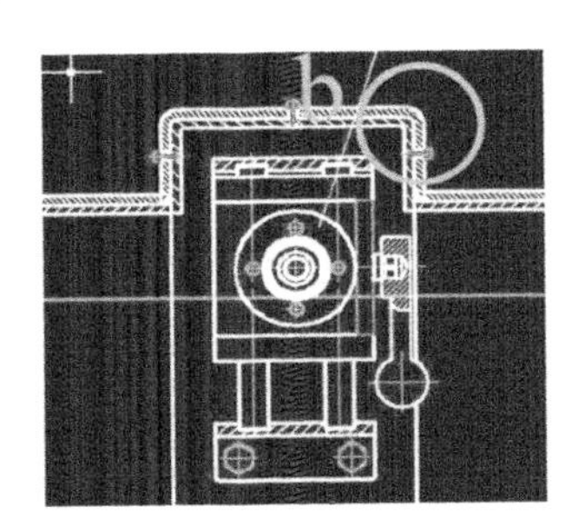

（a）凸出的刀带张紧系统

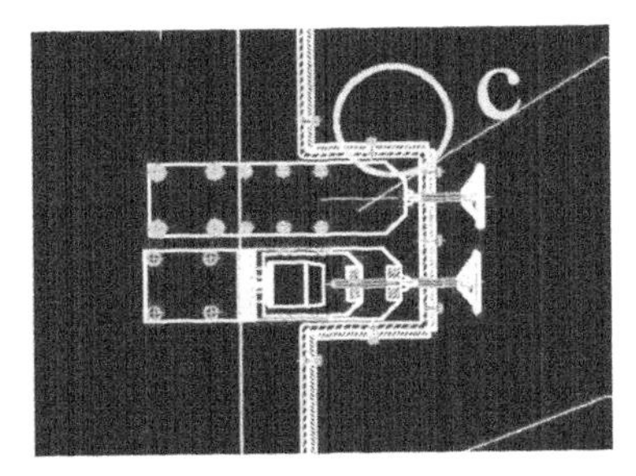

（b）凸出的磨刀系统

图 6-29　凸出的刀带张紧系统和凸出的磨刀系统

统一局部与整体的关系，有效整合局部的凸出零部件，这里采用了一种虚实结合的手法，来处理这两处突兀。如图 6-30 所示，工作刀架前方的伺服电动机底座采用较大面积的斜 V 字造型，V 字的箭头指右上方，意味着所向披靡，V 字也是英文 Victory（胜利）的首字母。上端与左侧凸出的两部分都采用规则的几何造型来进行包裹处理，上端凸出箱体的顶面采用斜面形式，与侧面的立方体造型和 V 字箭头一起连成了字母 W，而这种立体的字母造型并不是完全呈现在人们面前，其中的两部分巧妙地利用工作刀架横梁与立柱进行了遮挡，进而人的潜意识将会在脑海中自动补充被遮挡部分，以形成视觉上完整的 W 字母形状。

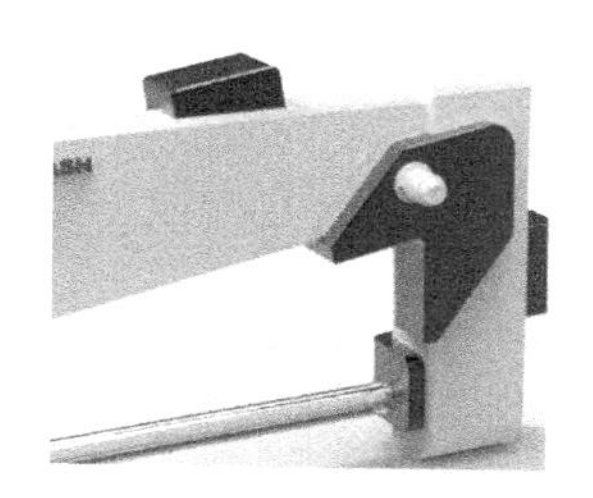

图 6-30 工作刀架上的 W 造型

刀架的两侧立柱依然采用规则的长方体造型，底部的前端面用半径较大的圆角过渡处理，光滑曲面可以将工作刀架与龙门机架进行视觉上的柔化过渡衔接，如图 6-31 所示。同龙门机架一样，工作刀架的两端立柱外侧为增加其强度与刚度采用倾斜 45°的加强筋，倾斜方向与龙门机架加强筋的方向相反，在视觉上形成对比与动态对称，如图 6-32 所示。辊轴系统位于刀架立柱的内侧，构造复杂而且处于环形刀片的切割工作区，飞溅的泡沫碎屑很容易积累在辊轴两端的支撑机构上，因此宜采用机罩进行包裹防护，如图 6-33 所示。

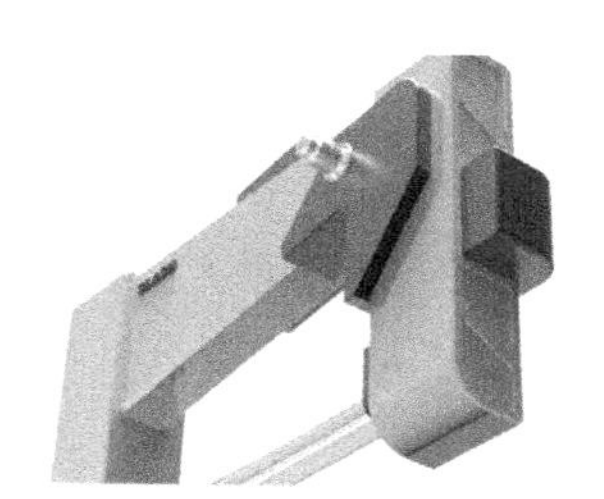

图 6-31 工作刀架立柱底端圆角

图 6-32 工作侧面加强筋

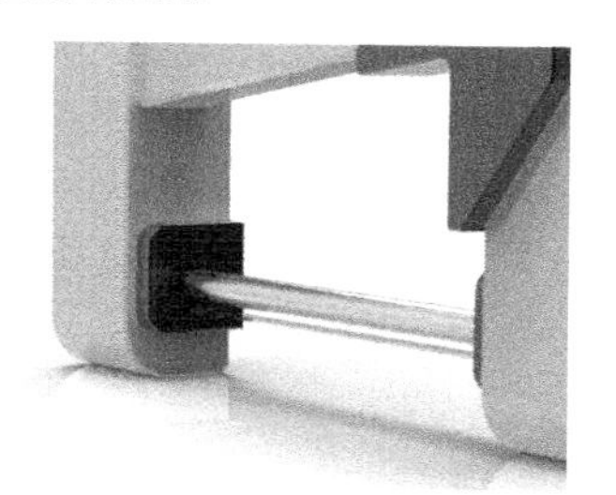

图 6-33 工作立架底端圆角

工作刀架是水平泡沫切割机的重要切割机构，所选用的材料绝大多数为45号钢，以保证刀架具有良好的吸振性与合适的重量。此外进行刀架外罩的表面强化处理是提高疲劳强度的有效手段。工作刀架的外观造型采用非对称式结构，位于右侧W字母的造型结构也平衡了左侧较大宽度的横梁造成的视觉失稳。整体工作刀架色调采用轻盈干净的米白色，与后面的黑色龙门机架形成强烈的对比。

3. 传动系统结构与造型的关系

传动系统由驱动装置、滚杆组和底座三部分构成，滚杆组由17根规格相同的滚杆组成，上面覆以粗糙的传动带，用来进给待加工聚氨酯泡沫塑料工件。多根滚杆可以均匀分担工件对单个滚杆所造成的压力，保证每根滚杆的挠度维持最小。滚杆长期处于交变载荷的工作环境下，这就要求滚杆必须具有良好的综合力学性能，因此材料首选经过调质和表面淬火处理的45号钢。

传动系统底座的作用是固定与支撑滚杆组，固定驱动系统。聚氨酯泡沫工件对滚杆组产生的直接压力均匀分布在底座四根底柱上，因而底柱的材料应具有很高的强度来抵抗压缩变形，灰铸铁是首选材料，有良好的力学性能，而且耐磨消振，焊接性和切削加工性能均满足要求。在造型设计上，底柱采用与横梁融为一体且圆滑过渡的U字造型方案，两者的衔接处为拱形，具有良好的承重性，如图6-34所示。

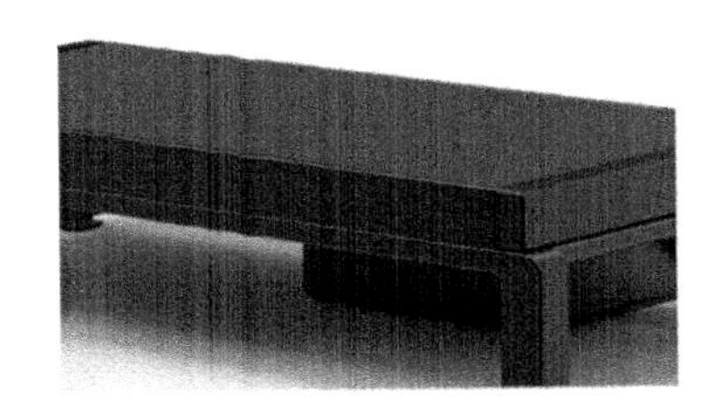

图6-34 传动系统U字造型底座驱动

驱动装置由伺服电动机、带轮和减速器组成，伺服电动机通过减速器减少转速，经过传动带与带轮的传动提供给工件进给的驱动力。由于伺服电动机工作时产生剧烈的振动，因而驱动装置外部机罩应选用减振性能良好的铸铁材料，并对直角棱边进行修边与倒角处理，如图6-35所示。

图 6-35 驱动装置外部机罩

6.6.6 零部件的刚度与外观造型

刚度是指零件在外力的作用下抵抗弹性变形的能力。在产品设计中，零件刚度是一个不可忽视的问题，零件刚度如果不达标，可能会影响产品工作的精度。由材料力学可知，任何一个零件在外力作用下总会产生一些变形，其大小与外力的大小、方向有关，同时也与零件的刚度有关。工艺系统在夹紧力、重力、切削力和传动力等的影响下，必然会产生变形，从而导致工艺系统加工出来的零件产生误差。因此，零件的刚度需要重点考虑，以保证加工所得产品的精度达到所需标准。刚度的计算公式为：

$$K = \frac{F}{Y}$$

式中 F——作用在零件上的外力；

Y——沿外力作用方向所产生的位移。

在机器的加工过程中，零件所受到的外力方向较多，但不是每一个外力都需要经过计算来对零件做相应的调整，只有对在产品加工误差影响最大的方向上才有会引起产品的误差。因此上式只需计算影响产品加工精度方向上的刚度影响。

6.7 产品造型设计中的标准化问题

6.7.1 产品造型设计与标准化

1. 产品造型设计

产品的造型设计代表了设计师的设计水平，在一定程度上呈现了当代的科学技术与文化内涵上的成就。这样不仅代表了产品的等级和市场地位。一件良好的产品造型，不单单体现了产品的使用特征，更是通过它的造型形态体现它的形象。一件完美的产品最直观的感受就是通过产品的造型语言来体现。产品的造型语言主要的体现形式是通过造型的形态美来实现，形态是最基本的表现形式。在造型设计中，最基本的就是点、线、面、体，运用这基本语言来体现多种丰富的形态。其中的设计内涵还是需要通过文化元素和艺术造型来体现。

在平面构成中，点是最基本的表现形态，运用点体现产品中小单位的体量，主要体现在产品中开关和指示灯等，这样完全可以起到画龙点睛的作用。点的移动组成了线，线条在造型设计中起到了重要的作用，各种线条组成了丰富的造型轮廓，不同色彩的造型线也组成了不同的装饰形态。不同的造型线也组成了不同意义的造型语言。垂直线给人一种挺拔、向上的感觉。曲线给人一种优美、温柔的特征。三角形元素给人一种稳定的感觉。体是由点、线、面互相组成的几何形体，不同的体代表不一样的情感元素，体也是表达设计元素的一种方式，不同形态的体会使人感受到不同的情感特征。

不同的材料，体现也是造型设计元素的重要组成部分。除了造型以外，材料就是物质的基本属性，材料有自然材料和人工材料之分，不同功能的产品需要不同材质的材料来组成。材料给人以轻重、软硬和糙滑的分别，材料不仅可以体现设计风格，也体现了设计元素的载体。设计师要充分地认识了解不同材质的基本属性和材料本身具有的语言特征，设计师需要具有发挥不同材质的不同特征，运用良好的协调和搭配使材料具有丰富的视觉感受，也需要时时刻刻掌握最新的科学技术，把握新型材料的搭配和运用。

色彩也是组成造型特征的重要基础，产品给人最基本的印象就是造型特征，而色彩也是尽可能强调产品的功能化和视觉化的提示，不同色彩运用不同的地方就是传递设计信息，达到“此时无声胜有声”的目的。正确的色彩表达传递功能性和情感，运用色彩来表达设计情感，如图 6-36 所示。

图 6-36 产品色彩对比

2. 产品的标准化

标准化是一项国家进入现代化的重要标志，它标志一个国家对于各行各业加强管理和监督的重要举措，现代世界各国都比较重视标准化工作，一方面标准化加速了生产，另一方面标准化也作为重要的科学管理手段，提高产业的竞争力和经济效益。

产品的工业设计在一定程度上代表了国家在科学技术、工业制造的能力，它决定了一个国家的产品制造业发展水平，国家产品的标准化必须符合生产的工艺流程。符合工艺流程应注意以下几点：

（1）对产品进行模块化标准设计

除了设计标准需要符合国家执行的标准，行业标准。模块化的标准应注意各个零部件的规定和制造，符合国家制定的标准，满足产品的使用功能和部件要求，各部分模块相互配合达到最理想的产品状态。

（2）对产品各部分零件进行标准化制定

产品的标准化并不只是整体符合标准化，其中产品各个组成部分、各个零部件都需要符合国家标准化制造。每个零部件都需要严格执行标准化生产，每一个标准件都需要严格执行此标准，方便各个行业、各个部门相互使用。各零部件生产执行标准化不仅会降低生产成本，而且标准的流水线工作可以提高生产速度。标准化应用前期设计，可以提高设计水平质量；标准化应用于生产，可以提高生产率，安全生产和提高制造标准。通过开展标准化生产制造产品，提高生产速度，提高设计进度，提高产品质量，可见标准化发挥着重要的作用。

6.7.2 模块化的结构特点与外观造型

模块是模块化设计的功能单元和制造基础。模块通过按照一定的规则互相结合而构成更加复杂的系统。系统体现产品的功能需求，将系统分解成为各个不同的组成部分，这些不同的组成部分就是模块。将一些互相独立的零件作为产品的模块，通过不同模块的组合形成新产品。产品需要满足不同客户和公司的需求，根据客户要求进行一定规格的产品生产，这种大规模定制的模式需要机器能够快速更新，以适配产品的生产。经过模块化设计的机器具有快速更新的功能，通过不同模块的组合或其中几个模块的再设计，减少更新的周期，实现整个系统的快速更新。

对复杂产品进行模块化划分的基本思想是在一定范围内，在对不同功能、相同功能不同性能或不同规格的产品进行功能分析的基础上，将这些复杂产品划分为一系列模块，通过对模块的不同选择与组合，可以快速得到不同结构与功能的产品。

模块必须具有以下几个特征：

1）属于系统的组成部分。

2）具有独立的外形和功能，以实现各模块的单独校准。

3）具有与其他模块的连接部分，以使各模块组合形成复杂的系统。

4）具有尺寸模数。各模块必须标准化，以实现各模块之间的互换性。

各模块的组合方式不同，得到的系统功能也有所不同。因此模块化的设计能够实现产品的快速更新设计。模块化设计是建立在产品规格系列化、零部件通用化和标准化这三个方面发展而来的。

模块的建立指的是将划分好的模块进行设计并更新。将模块进行结构和参数化设计，并根据市场变化对各模块做出相应的改进。模块的组合需要合理，需要分析模块尺寸的统一性、结构上的稳定性以及组合后的外观是否美观等。

1. 产品模块分类

产品模块的形式从总体上来讲可大致分为两大类：基于功能的模块称

为功能模块和基于加工制造的模块称为制造模块。功能模块是将产品的功能分割成多个子功能，然后使各子功能通过形式关系进行表达；制造模块主要在加工生产过程中考虑技术环节。根据生产加工要求将零部件进行合理化合成，进而形成一个新的装配模块。

（1）基于功能的模块化设计方法（见图 6-37）

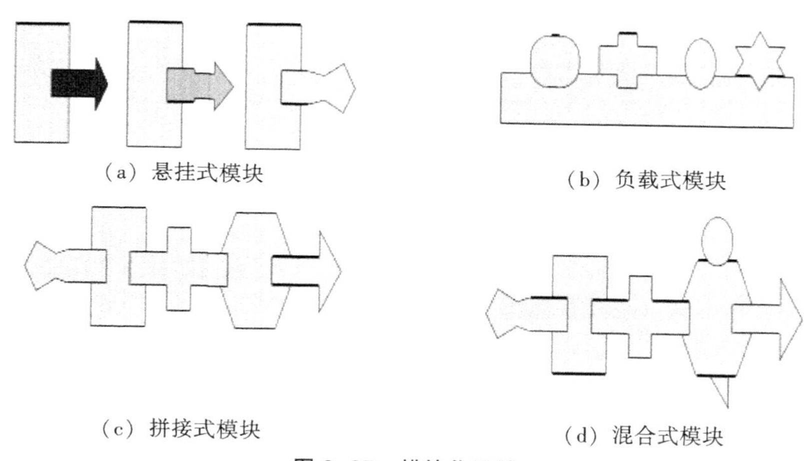

图 6-37 模块化设计

1）悬挂式模块。悬挂式模块的表现形式在以基础性设备部件为构造母体的基础上，连接其他各个不同的部件，从而能够达到实现执行不同任务的目的。同时这也是构造用户化整合体系结构的一般性思路，即作为母体的模块，作为系列化产品的所有个体成员，每件产品都应用了一致的接口，而平台模块只承担一种功能。这种模块的定义思想与零件的标准化是一致的。

2）负载式模块。负载式模块的表现形式为某一设备的主体部分，凭借自身提供标准借口，在接纳多个不同功能模块的同时能够使模块以任意的方式进行组合，进而能够实现相应的功能。通常这种模块都需要提供一个标准化的接口，用来与母体设备相连接。

3）拼接式模块。拼接式模块的表现形式为几个模块（或称为构件块）通过边界或接触部分相互连接，各模块都通过同一个界面表现出来。这种表现形式中各模块都有自身不同的功能，并且经过拼接后的整体不影响各模块功能的发挥。

4）混合式模块。混合式模块表现形式为各标准部件的组合形式，但与拼接式模块简单的线性连接不同之处是，各个模块之间建立的是网络状的交织结构。由于这种网状结构关系，每一个模块必须提供至少两个连接点。

（2）基于加工制造的模块化设计方法

1）加工模块。加工模块中最常见的表现形式是 OEM 模块，各部件集成为模块的原因主要是供应商（原始设备制造商）考虑到这样做的成本相对于单独进行研发要廉价许多，如目前各类计算机中的电源设备。

2）装配模块。表现形式为一组功能相关的部件为了便于装配的需要而做捆绑处理。

3）规格模块。表现形式为性质内容完全相同，只是物理尺寸和形体规格不同的模块。规格模块通常出现在同类产品或相同操作程序中。

4）概念模块。表现形式为行使相同功能但具有不同外形的生产加工模块。这种模块形式通常用在某种产品的加工技术得到了改进和更新，但仍然保留先前的功能和某些要素的情况下。概念模块的定义过程也是在各种产品间寻找共享部件的过程。

2. 模块化关键技术

上述面向大规模定制的复杂产品模块划分理论框架指出了该方法体系的三个关键技术分别为：复杂产品模块预划分技术、产品模块详细划分技术以及复杂产品模块划分评价与优化技术。

（1）复杂产品模块预划分技术

对于复杂产品来说，产品的零件数目比较多，而且功能较为复杂，如采用常规的方法进行模块划分，将会导致效率低下，而且可能出现划分错误。为了避免出现复杂产品的模块划分错误，提高划分速度，先要对复杂产品进行模块预划分。复杂产品模块预划分主要是根据工程经验，借助模块独立性的原则对独立模块进行预处理，减少最终模块详细划分的输入数量，降低模块详细划分的复杂度。

（2）产品模块详细划分技术

模块化设计是实施大批量定制生产的关键技术，如何合理划分模块是模块化设计的基础及关键所在。它能使企业以大规模生产的成本，生产出尽可能多的面向客户多样化需求的产品变体。同时，已开发产品的重用率也得到了提高。其重要研究内容包括两个方面：一方面是在确定组件对功能的相对贡献度的基础上，建立模块划分模型；另一方面是根据模块划分模型的特点选定并优化模型的算法。

（3）复杂产品模块划分评价与优化技术

正确合理的模块划分是产品快速定制和产品构造的基础，而有效的模块划分评价方法是其重要的保证。该关键技术主要是研究对模块创建方案的满意度进行不确定和不完全性的综合评判，并要求该方法能够有效地弥补传统评价方法（如模糊层次分析法等）评价过程中专家赋予各指标值时的不完全性，使评价过程和结果更加的灵活、有效和合理。

3. 计算机辅助产品模块划分系统的开发和应用

随着现代产品复杂程度的日益提高，产品模块划分的复杂度也日趋复杂，必须借助一定现代计算机技术，通过构建模块划分系统才能科学有效地完成模块划分。开发与应用面向大规模定制的复杂产品模块划分系统将是模块划分方法最终能否高效应用的关键问题。

机械结构对产品的性能有很大的影响，首先要对各零件进行分析归类，在不影响产品功能的基础上尽可能少地运用零件，减少难以加工零件所占的比例。然后根据零件的外形进行几何形状的归类，设计出各模块。之后设计好各模块之间的关联关系，方便之后在产品更新时能够快速计算出各模块更新后的参数。模块化产品设计好后方便寻找工厂进行模块的大规模生产，找相关技术高的工厂进行分别生产，使产品的质量更高。

4. 水平泡沫切割机造型模块设计

按照各部件功能划分模块，可以将泡沫切割机分为框架模块（立柱与横梁）、刀架模块和工作台模块三部分。

（1）框架模块造型设计分析

1）立柱的造型设计分析。

受力状态：弯曲和扭转载荷，处于悬臂工作状态。

功能：支撑和连接其他部件。

结构分析：切割机立柱通过丝杠螺母与安装在工作台两侧的丝杠连接，丝杠在电动机的带动下做旋转运动，从而带动立柱沿着工作台两侧的导轨做Z方向的运动，立柱上端安装电动机和减速器，电动机与减速器连接，减速器的输出端通过联轴器与立柱的丝杠连接，立柱丝杠装在立柱上下两端的轴承中，电动机通过减速器带动丝杠回转，并通过丝杠带动横梁沿立柱中的导轨做向下或向上运动，为了避免导轨表面受到外界杂质的污染，造成表面磨损，影响加工精度，在导轨外侧安装伸缩式ABS保护罩，底部通过螺栓固定在钢铁基础或混凝土基础上，顶部通过焊接或螺栓与横梁连接。

造型分析：如图6-38所示，切割机立柱由于承受载荷大，造型以长方体为主，伸缩式保护罩丰富了其立面的造型，色彩以灰色为主，另有绿色和黄色等颜色，立柱底部各侧大多有加强筋。

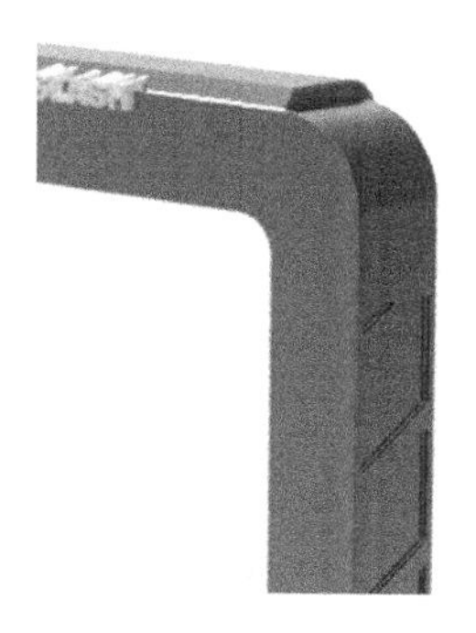

图6-38　立柱造型

常用材料：铸铁、型钢等。

工艺方法：铸造、焊接等，表面喷涂处理。

人机特点：安装部件，应该与人体尺度相适应。

传统设计存在的问题：整体造型呆板冷漠，形体转折处生硬，缺少细节，表面处理工艺粗糙。

造型设计重点：根据立柱的功能特点和结构要求，在长方体形态的基础之上，加强造型的形体变化；整体造型应以细节设计为主，加强对形体转折处和连接处的设计，包括棱边的设计、立柱顶部与横梁连接处的设计、立柱底部与设备固定基础连接处的设计；工艺方面要加强对金属部分的肌理质感表现，突出与黑色 ABS 的质感对比；电动机外罩的设计，立柱形体比例的设计及色彩选择。

造型方案：

①立柱的形体比例设计。功能结构的特点决定了立柱竖直方向的尺寸远大于水平方向的尺寸，在整个泡沫切割机外观造型中，立柱处于竖直方向的视觉中心，其形体比例设计对整个设备造型的美观具有举足轻重的作用，按照功能特点，立柱主要分为三部分，上部分为立柱顶部与横梁的连接处，中间部分为与防滑罩的连接处，下部分为立柱底部与固定基础的连接处，其比例的选择应综合功能结构要求和美学要求的基础上进行设计，如可按照罗马柱的比例进行设计。

②加强整体造型的形体变化，使其有韵律感。一是采用“凹”的办法，在立柱的前后两表面通过铸造或冲压成凹面；二是通过“凸”的方法，在立柱的前后两侧通过铸造、焊接或冲压凸面；三是采用“局部变异”的办法，如使立柱内侧面的尺寸大于其他三个侧面。

③转折处的设计。棱边采用圆弧过渡或小圆角过渡的方式处理。

④连接处的设计。突出对立柱顶部与横梁连接处的形体变化，使造型丰富，比如在造型上可借鉴我国传统门窗转折处的设计方法；加强对立柱底部与固定基础连接处的形体处理，在造型上可借鉴罗马柱的形体处理方法。

⑤突出金属与塑料的质感对比。通过提高金属喷涂工艺的质量，使金属表面质感细腻光滑，如采用铸造成形工艺，应加强对铸造工艺质量的要求，避免出现缩孔和飞边等缺陷，影响金属件表面的平面度；如采用焊接工艺，应加强对焊接处的打磨，避免金属表面出现大小不一的凸块，影响金属件的质感表现。

⑥电动机外罩的设计。电动机外罩作为立柱的一部分，位于立柱最顶部的外侧，其造型应与立柱的造型协调一致，由于立柱的造型接近于长方体，所以从形式美学法则的角度出发，避免设计成方盒子的形态，比如可取三角形形态代替方盒子，其工艺复杂程度和方盒子的工艺接近；在色彩选择上可以与立柱的色彩形成对比，如采用灰色。

⑦立柱的色彩选择。根据功能特点、对使用者的心理影响、使用环境及其造型特点进行选择。泡沫切割机作为一种切割机械，其色彩选择应符合机械的功能特点；从使用者的角度考虑，其色彩不应选择纯的刺激性强的色彩，以免引起使用者的心理变化，造成误操作；从使用环境角度考虑，由于其环境碎屑污染重，其选择色彩应防脏、防尘，如选用黄色；从立柱的整体造型方面看应根据形体特点、质感对比和材料对比方面进行综合设计。

2）横梁的造型分析。

受力状态：它与立柱接触的长度一般不大，因而可以看作是两点的简支梁，承受着复杂的空间载荷：既有两个方向的弯矩，又有转矩。

功能：支撑和连接其他部件。

结构分析：横梁内部有传动装置，有加强肋板，增强横梁的刚度，两端通过焊接或螺栓连接的方式与立柱连接。

造型分析：由于功能特点的制约，在造型上以长方体为主，横梁的正立面设有文字，如厂标、联系电话和产品型号等。

常用材料：型钢、钢板和铸铁等。

工艺方法：焊接、铸造，表面涂料装饰。

人机特点：安装部件。

我国现状：造型不分主次，无视觉中心；形面的造型方式过于简单；文字的字体、大小、色彩及其位置的选择比较盲目；表面处理工艺粗糙；色彩选择不协调。

造型设计重点：根据横梁的结构特点及所处位置，突出其形态正立面的丰富性；加强对厂标的设计、工艺设计及其位置的设计。

造型方案：丰富横梁形态的正立面造型，通过对形态“凹凸”的处理，增加形态的转折变化，使其有韵律感；加强对横梁中间部分即视觉中心的形态处理，如可做些细节设计，采用线形装饰的手法来加强总体造型的艺术效果，常用的线形装饰方法有明线装饰、暗线装饰两种。明线装饰采用与主体造型不同的材料、色质的立体装饰条贴在装饰表面，起到纯装饰作用；暗线装饰是在造型主体上做出凸线或凹沟，形成装饰的线形，而且色彩也完全与主体色一致，是利用凸凹的光线阴影形成亮线或暗线的装饰效果。可在产品外观材料上直接加工成形，省时省工省料。使人感到造型简洁、素雅、协调，富有立体感，而且由光影效果形成的色彩变化具有自然、和谐的层次感。这种暗线装饰可以吸收零部件互配的线形精度，给人以衔接工整的视觉效果。图6-39所示为切割机横梁的造型模块。

图6-39　切割机横梁的造型模块

（2）工作台模块造型设计分析

功能：固定工件。

结构分析：按工作方式分为平移式工作台、固定式工作台和回转式工作台，其中平移式工作台装有传动装置，通过电动机带动丝杠旋转，丝杠又通过丝杠螺母带动工作台沿着机座的导轨运动。

造型分析：平移式工作台造型以长方体为主，色彩以灰色为主，整体感觉笨重。

常用材料：铸铁、钢板。

工艺方法：铸造、冲压，表面处理为喷涂工艺。

人机特点：没有安全防护装置的设计，取放工件过程中容易对人造成伤害，对工作台造成损坏。

工作台是泡沫切割机用来固定与进给工件的构件。就平移式工作台和回转式工作台而言，其形态的重点是工作台形态心理运动倾向信息的表现和传达，如与运动形式（旋转、移动）、运动方向（水平、环绕）和运动空间（静态、动态尺度等）等，所以，根据形态的心理运动倾向规律，采用不同线形、不同几何形态构成与工作台运动信息相对应的形态，如用水平波动的曲线形态对应水平方向的位移与传动；用特定形态标识圆心与半径，以确定旋转机构运动的空间范围，以平移式工作台为例建立工作台模块，如图 6-40 所示，底座的四脚采用两条平行并且具有光滑过渡的 U 线型设计，平行线的延伸方向便是工件的移动方向。

图 6-40　泡沫切割机工作台

（3）刀架模块造型设计分析

泡沫切割机刀架的功能是完成对工件的加工，其形态的设计重点是刀具外罩的设计，其语义要表达出运动形式（旋转、移动）、运动方向（水平、环绕）和运动空间（静态、动态尺度等）等，如切割泡沫的刀带，主要是在高速旋转的飞轮带动下做水平方向的高速平移，因此其外罩的形态一般用直线或近似直线的形态来表达高速平移的功能语义，图 6-41 所示为泡沫切割机刀架的模块造型。

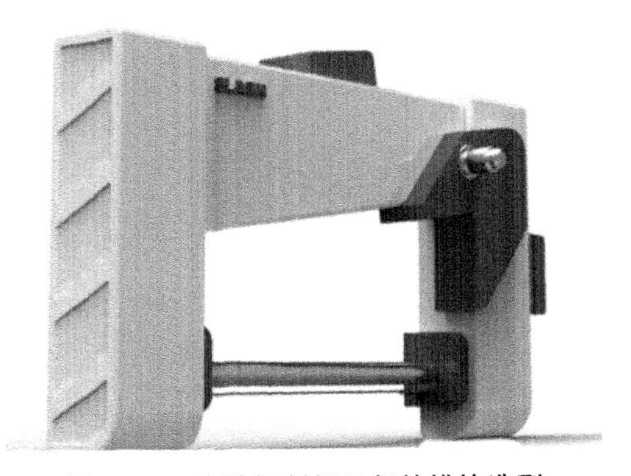

图 6-41　泡沫切割机刀架的模块造型

5. 造型模块库及产品库

为了更便于对泡沫切割机造型进行模块设计，将不同框架造型模块、刀架造型模块、工作台造型模块设计方案进行筛选与分类，进而建立一个泡沫切割机造型模块库，如表 6-2 所示。表格的左边是各个部分模块的名称，右边给出的是一部分符合泡沫切割机结构功能的可能的模块设计方案。设计者可以根据造型和色彩方案的合理搭配，将不同的造型模块相互组合成产品，进而形成不同风格的产品，如表 6-3 所示。

表 6-2　造型模块

模块名称与编码		模块图例与编码						
框架造型	1.1 横梁							…
		1.1.1	1.1.2	1.1.3				…
	1.2 立柱							…
		1.2.1	1.2.2	1.2.3	1.2.5	1.2.6	1.2.7	…
刀架造型								…
		2.1	2.2	2.3				…
工作台造型								…
		3.1	3.2	3.3				…
……		……	……	……				…

表 6-3　色彩模块

蓝色系列			
绿色系列			
黄色系列			

后 记

回顾近几年对聚氨酯海绵切割机的技术改造与研究，经历了与聚氨酯生产企业的沟通与合作，指导研究生撰写与聚氨酯海绵切割机技术改造方面的论文并发表，申请省自然基金课题立项等多个阶段。通过对聚氨酯海绵切割机的技术改造的不断研究与探索，又经过近一年的写作与整理，《水平聚氨酯海绵切割机技术改造设计》终于成书。

在研究过程中，感谢沈阳市宗达聚氨酯泡沫复合材料制造厂给予我的支持与帮助。衷心感谢我的硕导恩师穆存远教授，他为我的研究工作提供了大量的学术支持与帮助，使我坚定了此项研究的信心。在书稿整理过程中，感谢我的研究生崔昊同学为该书稿的完成付出了时间与精力，感谢严婉琪、安乐乐同学为书稿提供了相关的图片与文字素材。感谢知识产权出版社的领导及工作人员为本书出版的辛勤工作。“路漫漫其修远兮，吾将上下而求索”。作为一名大学教师我将在科学研究的道路上继续登攀，不断进取，为更好的服务地方经济建设竭尽全力。

刘闻名

2019 年 9 月